江南庭园
与造园人穿越时空的对话

[日] 中村苏人 著
刘彤彤 译

江苏凤凰科学技术出版社

导 读

在中外众多对中国江南园林的研究中，这本小书可算独树一帜。本书的作者虽是外国人，却对中国古典园林怀有浓厚的兴趣；他不是什么园林研究的专业人士，内容和看法上也存在很多不足与局限甚至争议之处，然而对中国园林——尤其是江南私家园林的认识和理解却非常独到而深刻。

正如作者在前言和后记中所说，写作本书的初衷，是以浅显易懂的方式，给日本游客提供一本方便观赏和理解中国江南文人园林的“导游手册”。因此，在全书的内容构成、实例的选取、体例安排、顺序排列等方面，作者都有自己的考虑。然而，由于本书的内容之丰富和涉及面之庞杂，加之作者敏锐的观察和文人化的描绘，读者在阅读时往往会随作者的思绪驰骋翱翔，则难免把握不住全书的要领。

因此，整理这篇导读的目的，一是对本书涉及的几个概念的辨析；二为梳理强调本书的核心内容和重要观点，比较中外相关学术观点的异同。对各种存有争议的观点看法，暂且不做深入的探究，仅为读者提供一个阅读的线索和参考。

1. 几个概念的辨析

（1）“庭园”与“园林”

关于本书的书名，直译就是“江南庭园”。然而在现在的中国，却习惯称呼为“园林”。在本书中，作者一般都使用“庭园”一词指代中国的“园林”；但涉及中国学者的观点或习惯称呼时，也使用“园林”一词，有时还特意注明“园林同庭园”（见第三章）。

首先，与“园林”相关的概念定义，古今中外一直都存在很多不同的意见。如刘敦桢[1]、陈植[2]等学者的讨论。在历史上，园林也被称为苑或宫苑、林泉、园亭、园池、宅园、别业等；“园林” 一词最早见于西晋人的诗文中。当代的“园林”定义参见《中国大百科全书》[3]。无论在历史上还是现代的定义中，建筑都是中国园林中不可或缺的组成部分；还有学者认为“私家园林就是住宅的一个组成部分，它与住宅组成了一个完整的统一体”[4]。在中国人的观念中，作为居住的“宅”和用来游赏的“园”，并没有那么严格的区分；园林也许就是居所的另外一种存在方式。

日本对“庭园”的定义是：为了观赏、逍遥、游乐等目的，种植树木、设置筑山、泉池等的庭院，特别是指通过规划营造的庭院[5]。可见，

---

1 见《刘敦桢文集》第4卷《苏州的园林》，中国建筑工业出版社，1992年，第79页。

2 见《陈植造园文集》中《“造园”与“园林”正名论》，中国建筑工业出版社，1988年，第233页。

3 见《中国大百科全书》第27卷，中国大百科全书出版社，2009年，第323页，“运用工程技术手段和艺术理论塑造地形或筑山理水，种植树木花草，营造路径及建筑物等所形成的优美环境和游憩境域。”

4 见汪德华著的《古代园居文化思想综评——兼论园居规划设计特性》，城市规划汇刊，1998年第1期，第34–42页。

5 《広辞苑》“庭园”：“観賞·逍遥などのため、樹木を植え築山·泉池などを設けた庭。特に計画して作った庭。”。

日本“庭园”的基本构成要素是植物、筑山和泉池，建筑并非必备的构成；庭园的目的是供观赏游乐。另一方面，日本的“庭”是指宅前的空地，是相对于住宅（建筑）来说的。因此，在日本一般住宅中，“宅”和“庭”虽然共存，却是有明显区别的两种事物。

由此可见，日本的“庭园”与中国古今的“园林”概念还是存在差异；现在我们惯用的“园林”概念，可以理解为广义的园林，它可以包含中国古代的“林泉”“林亭”“园池”“亭台”“苑囿”“园亭”等，也涵盖了日本的“庭园”。

因为本书作者是站在日本人的视点，对“中国庭园”概念的内涵有非常执着的认定——即与住宅分开设立，设有围墙、园门或专用的通路，可以回游，属于非日常性的活动等，属于狭义的“园林”范围；并且作者对涉及“庭园”的一系列概念进行了反复的讨论、辨析。如果将书中狭义的“庭园”一词，一概以广义的“园林”来代替，则书中的很多内容就无法说清。故译者尊重作者的原意，大部分采用“庭园”；而涉及广义的园林概念或中国人习惯的某些说法（如第八章古典园林的四种类型划分等）时，则采用“园林”一词。

了解了这些古今中外的概念差异，对后面几组概念就容易理解了。在下文所涉及的相关概念里，暂且认为作者所说的“庭园”就等同于“园林”。

（2）“园林”（庭园）与“庭院”

在第三章网师园，作者曾专门讨论了“庭园”与“庭院”的区别，并且特意注明“园林同庭园”。

园林之景除了“供巡回游赏”之外，文人园林还需要具备更多的特质，正如后文将要详细叙述的，对园林主人造园意向的关注、对园林意境和园林空间的创造、对园林本质的认识等，都是全书多次提到并反复强调的内容。而在第八章，作者更明确提出了“文人庭园中的各种理论”——必须是园主自己来营造、非日常的空间、独创性的艺术，要有绝对多的自然空间而不是建筑空间等。在作者看来，如果不具备这些理论和特质则不能称其为“园林”（庭园）。

因此，在说到“明轩”时，作者认为“设计者是以欧美的观赏者为对象”，完全排除了文人庭园中的各种理论，只把它作为纯粹的造型之美来欣赏，所以是选择了“庭院”而不是“园林”。

（3）“庭园住宅”与“住宅庭园”（住宅园林）

书中多次提到庭园与住宅的关系，提出了“庭园住宅”的概念（第三章），还对“庭园住宅”和“住宅庭园”、“住宅的庭园化”和“庭园的住宅化”等进行了反复的讨论（第七章）。如果将本书中的“庭园”等同于“园林”，那么按照作者认定的“庭园是非日常的世界”这一原则，“庭园一旦被住宅化就不再是庭园”，因此，作者认为在中国不存在“住宅园林”（第三章）。

然而在中国学术界涉及古代园林和住宅，只出现过“住宅园林”而并没有“园林住宅”的说法[1]，一般泛指紧邻住宅而设置的园林。

这可以说是中日对于园林的本质，以及园林和住宅之间关系的不同认识所引发的概念差异。对于一般读者而言，大可不必过分纠缠于这些概念。

1 见刘致平著，王其明增补的《中国居住建筑简史——城市、住宅、园林》（第二版），中国建筑工业出版社，2000 年，第 51 页；及李亚如著的《扬州园林》，江苏人民出版社，1983 年，第 18 页。

（4）“四季山水”和“四季假山”

本书第七章提到个园最引以为傲的园林造景，原文使用的是“四季山水”。但按照中国人的习惯，“山水”除了专指“山水画”和“山中之水”，一般是对自然界中山与水的笼统称谓，亦泛指有山有水的风景，有时也指代庭园；另外，按照字面理解，“山水”即应包括“叠山”与“理水”之景。而在个园，四季之景本特指园中采用不同石材的叠山之趣。因此，采用中国的习惯译为“四季假山”。

2. 对园林主人造园意向的关注

本书中最值得赞赏和肯定的，是作者从园记入手，结合园林主人的人生经历，探察园主的真实造园意图；通过园林的“外在之形”，去解读园林的“内在之心”，去体会和感受园林的空间魅力及各种景观意境的历史文化内涵。

例如第一章，提出假山是“园主人的胸中丘壑”，意境是造园者的“心象风景”。不仅如此，作者还沿着拙政园中部景区的正确游览路线，以细腻的笔触描述自己对各个主要景观的亲身观赏体验，还原最初的园主王献臣的真实心境，读来让人感同身受，对重新认识拙政园的园林文化和景观艺术特色极有参考价值，同时对现在拙政园的管理、游赏路线的设置等也很有启发。

又如，第二章留园的设计构思，第四章苏舜钦的庭园观——自胜之道，第五章狮子林诞生的初衷，第六章从“凤谷行窝”到“寄畅园”的名称变化，以及第七章何园“水心亭”的“小方壶”意象等，对每位园主造园立意的分析可谓淋漓尽致。书中所列举的这些园林实例，无一不是园主胸中丘壑的再现。原始的理想状态并非任何文人、在任何时代都能达到。从城市山林到咫尺山林的蜕变，或许就是文人在现实与理想之间做出痛苦选择的无奈之举。

每一座园林又是一个动态发展演变的过程。在不同的历史时期，因园主的更替变化和增建改造，造园者的意向发生改变，对园林意境和整体气质的影响极大，具体体现如拙政园的补园部分、狮子林和豫园的历史演变等。

3. 对园林意境和空间的深刻理解

本书另一可圈可点之处，是对园林意境和园林空间营造的深刻理解。

（1）园林意境

作者对中国园林的意境推崇备至；并且认为由文字表现的意境，即“点景题名”是“造园最高阶段的意境”；还涉及了“言外之意”的概念（参见第一章）。

意境说是以儒为主的儒、道、佛三家思想既互相矛盾，又互相补充的传统文化思想的综合产物。《孟子·万章》“以意逆志”之“意”，就包含着主体独立的心灵、情感世界，对这种“意”的重视、追求就成为中国艺术的核心内容。孔子的“成于乐”、孔颜乐处等亦含有此理，即从主体的情感满足和愉悦中，获得一种超越的审美感受。

庄子则最早提出“得意忘言”之说[1]。魏晋时期兴起的玄学，重视个人情感的独立自足和自由表达，追求超越世俗、向往无限的人格本体。经过玄学的“言意之辨”，形成了魏晋以后重“意”的生活倾向，至“郁郁乎文哉”的两宋而达到巅峰，无论士人的生活还是艺术，都普遍形成

---

1 《庄子·天道》：“语之所贵者意也，意有所随。意之所随者，不可言传也。”《庄子·外物》：“荃者所以在鱼，得鱼而忘荃；蹄者所以在兔，得兔而忘蹄；言者所以在意，得意而忘言。”

一种“重意”的浪漫风气。包括园林在内的一切士人艺术形式都以“写意”为高，意境的创造成为艺术的最高追求。中国园林在长期的发展过程中，与文学、绘画等文人艺术间形成了千丝万缕的联系；园林已经成为中国文人特有生活方式的现实反映，园居生活中时时处处都流露出浓郁的人文气息；园林的题名用典、园景的意境创造方面都竭力追求士人文化的内涵与神韵。

（2）园林（建筑）空间的设计营造

作者虽然不是园林设计的相关专业出身，却对空间有着独到而深刻的理解，并且对空间的变化十分敏感，观察非常细致入微。本书各章节都有大量关于园林空间营造与设计手法的分析论述。例如对拙政园园景空间的详细描绘，对“虚实相生”的生动阐释，还有如第二章留园入口通道“藏—漏—露” 的手法，石林小院的空间组织，对太湖石的空间认识；第三章网师园集虚斋、看松读画轩、殿春簃院落等处的框景分析；第四章沧浪亭蜿蜒盘桓的回廊；第七章个园、何园中对建筑空间和山水空间的分析；以及第八章豫园隔水花墙的三种漏景手法的总结，等等。

（3）园林空间的游赏方式

本书中有很多对于园林游赏方式的讨论，如在拙政园一章，作者指出了现有游览路线的弊端及其原因，进而以陈从周先生所言的“起承转合”，引出游赏的正确路线，使每一次游览都变成园主心路历程的再现。书中还有很多动观、静观的分析、描述，明显受到陈从周先生《说园》的影响。

4. 对中国园林本质与核心精神的认识

（1）日常与非日常

在本书中，作者多次涉及“日常”和“非日常”的话题。如在第三章网师园，作者就明确提出“庭园是非日常的世界”。在第四章沧浪亭谈到“画舫”时，又借欧阳修《画舫斋记》中“盖舟之为物，所以济难而非安居之用也”之语，意指舟船和画舫本是漂泊人生中的寄居之所。“中国文人模拟非日常世界而营造庭园，其中的标志就是设置画舫，寓意将开始流浪之旅，也就是向非日常的世界出发启航的象征。”（第 102 页）那么这是否就意味着园林也是“济难而非安居”的“非日常”居所呢？这一观点有待商榷。

按照作者的逻辑，所谓“日常的世界”对应的是体现日常生活的“住宅”，以建筑为主；而园林，必“以自然为本位”，园林的观赏者“能从中获得非日常的幻境的体验”。这是跟前述的作者（日本人）对园林与住宅关系的认知一脉相承的。作者的分析或许有其合理性，但是在中国人的普遍认识中，园林与住宅是一个整体的不同方面；尤其在文人的生活中，园林（园居）已经变成日常生活不可分割的重要组成部分。

这就涉及了园林的本质问题。

（2）园林的本质

本书第一章谈到“山水与建筑物”的关系时，引用了郭熙《林泉高致》中的“四可”之说，并且将其仅仅“作为庭园中必须修建建筑物的四个条件”。这里，作者已经认识到了山水的“可居性”能够与园林的“可居性”对应；但却还只是停留在物质居住的层面，忽略了园林“精神居住”的本质。

中国园林的这种本质是自古以来的礼乐文化传统所决定的[1]。人自身

1 见刘彤彤著的《中国古典园林的儒学基因》第四章内容，天津大学出版社，2015 年。

的存在包括肉体和心灵、形体与情感，这就决定了人的居住行为之现象背后，乃具有双重的居住意义：在身体的安顿之外，心灵也要有所寄托，精神要有所归宿。其实，第三章提出“在原始状态的大自然中，营构小筑并在其中享受自然天趣，才是文人庭园的原点”，已经涉及了园林的双重居住；在沧浪亭一章又强调“栖居”比“居住”更重要。显然，作者所说园林的“非日常性”就是其“精神栖居”的本质。

中国园林的“可居”是区别于西方园林的最大特点，也是园林“精神栖居”的第一要义。郭熙的“四可”之说强调山水的多重价值，其中“可居则更胜矣”，是古人理想自然环境观念的体现[1]；陶渊明的“采菊东篱下，悠然见南山”表达的是园居生活中心灵对故土的依恋。仲长统之“背山临流”，及《园冶·相地》的“园林惟山林为胜”，反映的都是古代文人理想的居住环境。在中国人看来，在“精神栖居”这一本质层面，中国园林并不存在“日常”与“非日常”的差别。

（3）园林中的沧浪主题

本书很有意思的一处，是提到了园林中的沧浪主题，并首次提出了“沧浪学”的概念。

流传千古的沧浪之歌，既肯定了一种恬然自适的心态，同时也向世人传达了一种洁身自好而不同流合污的信念。孔子对沧浪之歌的重新解释，又被孟子及后人引申为人世中的善恶清浊之道。正如书中所及，对“沧浪诗”的解释可谓见仁见智，但无论如何，“沧浪”最终成为中国文人园林中一个非常重要的造景主题和景观现象，却是不争的事实。本书提

---

1 见陈见东著的《从〈林泉高致·山水训〉看人与自然的相互取悦狂欢》，艺术探索刊，2008 年第 4 卷，第 60–63 页。

到目前所见最早将“沧浪”主题与园林结合的实例，是唐代陆龟蒙的“沧浪池”。而自苏舜钦的“沧浪亭”之后，“沧浪”主题的文人园林和以“沧浪”命名的园林景点越来越多，甚至影响到了日本。沧浪思想的真正意义，是将看似毫无关联的文人自我修养与对现实政治的批判交织在一起，并焕发出迷人的魅力，这正是中国文人传统的“风雅”。

而中国目前尚没有“沧浪学”的相关研究；对园林中的“沧浪”主题及其文化内涵等也还有待更深入的挖掘。

（4）兰亭故事与背山临流的深层内涵

作者在第五章，提到狮子林庵是模仿东晋王羲之兰亭之会的故事，凝聚汉民族的人心；而王羲之的曲水之宴，又是仿西晋石崇的金谷雅集。

然而，作者却忽略了兰亭故事蕴含的深层文化内涵：自上古时期流传下来的祓禊巫祭活动，在原始宗教迷雾日见消散、理性精神日臻自觉和高扬的春秋时代，经过孔子及其弟子的理性化改造，将人格理想和审美追求提升到了“曾点气象”——一种天人凑泊、生机流行的崇高境界，并被魏晋以降历代文人所倾慕和效仿，逐渐发展出审美性的禊赏，而与园林直接相关[1]。

同样的问题也出现在对“背山临流”的理解和阐释。作者从景观环境生态学的角度，阐释了“背山临流”的积极意义和价值，却忽略了对文人心性、理想追求的关注。东汉仲长统《乐志论》对“背山临流”的叙述是这样的：“使居有良田广宅，背山临流，沟池环匝，竹木周布，场圃筑前，果园树后，……踌躇畦苑，游戏平林，濯春水，追凉风，钓

1 见《王其亨中国建筑史论选集》中的《宁寿宫花园的点睛之笔：禊赏亭索隐》，辽宁美术出版社，2014 年，第 296 页。

游鲤，弋高鸿，讽于舞雩之下，咏归高堂之上。” 这被认为是古代文人理想的居住环境模式和审美境界，在山水园林中表达出对和谐而永恒的宇宙韵律的追求，其实正是“曾点气象”的余韵。

兰亭故事、背山临流以及沧浪主题等所表达的园林审美意象与文化内涵，与园林的本质息息相关，代表了中国古代园林的核心精神。

5. 其他

出于作者本人的兴趣爱好，书中多处涉及山水画、画僧虚谷的作品、郭熙画论《林泉高致》、石涛与扬州八怪等，这也是作者以“读画”之心态来解读园林的体现。又反复引用古人的园记、诗文等，反映出作者深谙园林与绘画、文学等相关艺术的紧密联系。

书中多次提到园林与隐逸文化、老庄思想的关系，禅宗的流行与老庄思想等，这些论断难免有失偏颇。隐逸的发生学根源是“与主流社会相隔绝”，因此隐逸本就与宗教的苦修有关。如果把人类社会看作主流社会，那么与之相对的自然环境就成为隐士们期望与世隔绝的最佳去处，这就是为何无论何种隐逸，都与山林、岩栖、江海等自然环境密不可分的根本原因。

在序中言及文人庭园的本质，“是将老子和庄子提倡的将自然中感悟到的心境寄托于庭园景观的个性化表现”。然而大量现存的园林实例、文献和相关研究成果已经证明，中国文人园林中蕴含着丰富的儒学思想的基因。

本书还涉及许多中国造园史、清代扬州的造园热潮，以及咫尺山林的蜕变等内容，虽难免学术观点的分歧，但作为一家之言，还是非常具有参考价值的。

由于作者的身份及其所掌握的中国文史知识和资料的局限，导致原书存在一些错误，有的已在翻译时加以更正完善；但有些涉及园林历史或不同的学术观点，本身就存有争议；加之译者本人视野、水平有限，仍然难免挂一漏万。在此，还请广大读者提出宝贵的批评意见。

刘彤彤

2018 年 6 月

前言 庭园之“心”

1977 年的春天，我在北京正处于百无聊赖的状态。当时，我对清末画僧虚谷的绘画很有兴趣，想去江南各地走走，看看他的画。在那期间，带我参观苏州博物馆的画家提道，“虚谷有几幅山水画取材于苏州的园林”。于是，我马上拜托他带我去那些庭园实地参观。这便是我与江南庭园的初次接触。

当时我参观的沧浪亭、拙政园、狮子林等，无一不是名噪江南的文人园林。宋代的苏州是中国当时首屈一指的文化名城，文人竞相在此营造庭园。这是江南文人园林的开始，文人庭园的情趣，与虚谷所绘的文人画一样，都是庭园主人的心象风景的表现，用更加中国化的表达就是“胸中丘壑”的呈现。像我这样对文人绘画充满好奇的人，一下就被吸引住了，之后又多次前往，最终成为江南庭园的忠实“粉丝”。

有一天，住在上海的一位前辈对我说：“哟，又去看园林啦？中国的庭园不就跟漫画一样嘛，刚开始还觉得挺有趣，多去几次就没有想看的愿望了呀。”当时，我把这些话当作对我的讽刺挖苦就搪塞过去了，可是后来拜读了一位日本作家发表在周刊杂志上的文章，才发现这位前辈的话其实代表了大部分外国人对中国庭园的认识。

这位作家对于 1978 年初次到访苏州庭园时的印象，是这样描述的：“……这些庭园规模如此巨大，令人想象出园主人鼎盛时期的富强，但是，那种 2500 年古都本应具有的洗练、潇洒和精神却无迹可寻。”

为什么“本应具有的特质却无迹可寻”呢？带着这一疑问，我请教了我的造园老师，他充满自信地回答我：“庭园是具有生命的。山水随季节而变化，生生不息、循环往复，还不时地被园主改造。这些文人捕捉到了庭园不断变化的特点，从庭园之景的变化中，读取到庭园原作者（主人）的初心，并以此为主题赋诗作画，发展为‘游园会’这种文人雅士的活动。这是对中国传统庭园的看法。可是，如何才能从这些变幻莫测的庭园之景，去发现庭园之心呢？因为中国是文化的国度，山水之景和庭园建筑到处都有诗画相伴，园景都被赋予了文雅的名称。而且，每次举行园游活动时，文人们都会赋诗作画、撰写园记。这些全部都是园主胸中丘壑的写照，都在述说着庭园的历史故事。毕竟，山水之景的变迁，反映的是时代潮流的变化，即使这种读取造园初心的游戏变得更加有趣，也不会对游戏本身造成影响。”

然而，我从小成长在日本这样一个将初心和方针原则的不一致视为“罪恶”的国家。中国庭园这种“外在之形”与“内在之心”背道而驰的现象很快引起了我的关注，当时却不得其解。

法国文人达鲁库尔公爵曾经针对 18 世纪世界范围内流行的庭园的弊端作了如下的批评：“法国人在庭园中摆放几何状的形体，英国人把家安置在牧场中，中国人在窗前营造可怕的瀑布。这是当今三种造园恶习，如果不对其进行修正，就无法实现真正的庭园之美。”

受此文章的影响，涩泽龙彦先生这样论述道：“众所周知，庭园大致可以分成建筑式庭园和风景式庭园两种类型，如果说造园术是在这两种形式之间左右摇摆而不断进步，那么达鲁库尔公爵的那些批评，也许是指如果其中一方走向极端，势必会产生相反的倾向。在某一方面存在

着秩序和对称，其他方面则存在无序和不对称。也可以称之为几何学与大自然的对立。”（刊载于作品社刊《庭》）

诚然，在达鲁库尔公爵时期的欧洲，已经形成了被称为建筑式庭园极致的法式庭园，作为与它对立的相反趋势，风景式的英式庭园也已经出现。因此，坦率地说，涩泽先生的语言是可以理解的；但针对中国庭园的看法，我认为多少有些谬误。

达鲁库尔公爵时代的中国正值清朝的全盛时期，如果从公爵所说的那时的庭园“在窗前营造可怕的瀑布”来揣测他的意图，那么，庭园中“窗”象征身旁的建筑物，“瀑布”象征雄壮的自然风景，两种截然不同的异质性要素极其接近且处于对峙。虽然可以想象这种异常的状况，但在欧洲认为“如果其中一方走向极端，势必会产生相反的倾向”的庭园常识中，这种情况却是不曾有过的。

这样一种中国特有的庭园“恶习”，究竟是在怎样的背景下产生的呢？

我是这样考虑的：在中国文人的心中，同时存在着权力和隐逸两种相反的思想，就像汽车的加速器和刹车一样。例如，他们即使隐逸（不同于日本的出家人）时也不会舍弃追求功名。如果真的舍弃了功名，世俗也不会承认他们是隐士，只会把他们当作社会的淘汰者。不得不说中国文人所具有的二重思想的特殊性，在他们所造的庭园中也留下了浓重的烙印。

回顾中国庭园史，首先产生了反映最高统治者权力思想的宫苑，然后孕育出扎根于隐逸思想的文人庭园，这两种迥异的风格，正如文人的双重思想一样，并没有各自独立发展，而是并存、共生。其结果就像“窗前的可怕瀑布”那样，形成了其他国家看不到的、中国特有的庭园景观。

为了验证我的这种想法，首先来看一下中国庭园的发展历程。

（1）宫苑的发祥

中国在公元前10世纪以前，已经开始营造名为“苑囿”的宫苑，以彰显最高统治者的权威，追求生活环境的舒适。说到欧洲庭园就是指兼有秩序和对称布局的建筑式庭园，而中国的宫苑并非法式庭园那样彻底整齐对称的风格，而是像“苑囿”文字所表示的那样，由栽培植物的“苑”和豢养动物的“囿”构成。而且在皇帝的苑囿中，还有祭祀天神地祇的祭坛——“灵台”，甚至在公元前2世纪前后，皇帝为了祈求长生不老，还构筑起模仿仙人居住的海中仙山的“神仙岛模式庭园”（一池三山模式，第二章详述），以这种模式为中心的庭园，经历代皇帝的发展，一直延续到最后的王朝清代。

“一池三山”模式的庭园不是皇帝专属，在封建诸侯和世袭贵族之间也流行模仿宫苑式的造园活动，并且逐渐传播到各地。中国庭园神秘又充满异国情调，主要是由民间信仰的神仙思想不断发展、影响的结果。

（2）文人庭园的出现

在六朝时代（3 ~ 6世纪）的动荡乱世，作为与皇权思想相反因素的隐逸思想抬头，这一思想不仅限于隐士，甚至在现任的官僚之间也流行起来。这些官僚阶层不能像隐士们那样，躲进深山中在无为自然的环境里自得其乐，于是他们就开始营造庭园来模仿隐逸的场所。这种基于隐逸思想，由文人阶层营造的庭园被称为“文人庭园”。

文人庭园的本质，是庭园主人将老子和庄子提倡的将自然中感悟到的心境寄托于庭园景观的个性化表现。因此，园主为了表现其隐士思想，使用自然景观本来的状态，在与住宅分开的地点，由园主自己营造“庭园”。文人庭园具有上述这些特点而毫无章法可循，并且与原来造园匠人作为传统艺术的造园相对。它的出现意味着由文人阶层自己主导的，作为创造性艺术的造园阶段开始了。

文人庭园一出现，其高度的精神和文化特性就获得了好评，并且对宫苑和贵族的庭园产生了巨大影响。不过，宫苑从具体形态上吸收文人庭园的精神文化，是很晚以后的事情了，而且在宫苑中吸收并融入文人庭园的风格之后，并没有损害其宫苑的形式。例如，位于承德的清代皇家离宫避暑山庄，其核心部位的景观就是仿照江南的几处文人庭园和风景名胜营建而成，这些园景成为避暑山庄最受好评的景点。

与皇家宫苑不同，贵族庭园立刻开始吸收文人庭园的精神。但是大多数庭园只是吸取了其中的思想，景观还是以前贵族庭园的风格。究其原因，中国文人不喜欢直接表现自己的思想，认为隐喻式的表现才是风流之举。因此，他们依然采用“神仙岛模式”的庭园形式，以寓言的方式来表达神仙思想中的长生不老思想。

虽然只是少数，但还是有忠实体现文人造园理论的庭园。在这些广为人知的庭园中，就有东晋时期的田园诗人陶渊明的故居田园和盛唐诗人王维的辋川别业。陶渊明的田园虽田园将芜、三径就荒，却松菊犹存、日涉成趣，与周围自然环境融为一体，是他热爱自然的体现；王维的辋川别业则是规模宏大的别墅庄园，沿着河谷在连绵的自然山丘之间设置了二十景，并在每一处景点配置建筑，将这些景点用游览路径串联起来。

今天，辋川别业这样的庭园被称为“自然式山水庭园”，与其相对，建筑占主要地位的庭园被称为“人工式山水庭园”。中国文人庭园的历史，在思想上虽然是以自然式山水庭园为理想，但实际的形态却是压倒性的人工式山水庭园。中世纪以后，这种倾向以江南地区为中心逐渐发展起来。

（3）城市山林的时代

大约在10世纪中叶，贵族世袭制度瓦解，诞生了北宋中央集权国家，与此同时，文人庭园也迎来了崭新的局面。唐代以前，庭园营造的主体是贵族或者贵族化的官僚阶层，至宋代，被经科举考试进入政府机构的文人官僚阶层取代。这些新兴阶层的文人们，没有唐代文人那样的财力经营宏大的自然式山水庭园，只能在住宅附近的城内构筑规模较小的庭园。而这些庭园往往都不在优越的自然环境中，只好掘池筑山建造人工式山水庭园。因此，宋代以后的文人庭园，基本上都受到宫苑风格的影响。

这种风气要追溯到北宋徽宗皇帝（1100—1126年在位）和宋室南迁。宋徽宗最先将文人趣味引入宫苑，专门请来江南的造园匠师，还组建了臭名昭著的“花石纲”运送船队，把江南庭园中的名石珍木连根拔起运送到都城开封。然而，都城很快被金兵攻陷，宋室迁至杭州，造园匠师们返乡后，也使这股风潮在江南的庭园中蔓延开来。其结果就是自南宋到元代的文人庭园几无例外都变成了宫苑化的风格。

纵观北宋和南宋时期，朝廷始终专注于抵御北方少数民族的侵略，反映这种世情的文人庭园，对汉民族的传统文化精粹倍加尊崇。当时的文人把他们的庭园称为“城市山林”。“城市”即都市，“山林”是指自然界的原始风景，旨在表现一种“即便是人工式的庭园也要坚守自然式庭园传统”的强烈意识。但这只是理想，实现起来却困难重重。进入南宋时期后，江南各地也变成对敌作战的前线阵地，再加上宋室南迁和经济繁荣的作用，宫苑风格的城市山林盛极一时。这样一来，文人庭园的“形态”不管是否受到了宫苑化的影响，其“本心”仍强调隐逸思想的自然观，而庭园“形态”与“本心”的这种奇妙的组合形式就在以苏州为中心的江南地区逐渐展开。

（4）咫尺山林的时代

明代的前半期，出现了很多官场失败的文人，有些擅长绘画的文人变成了职业造园家，城市山林慢慢恢复健全。因此与诗文绘画的鼎盛期“唐宋时代”相对应，中国开启了名为“宋明时代”的造园鼎盛时期。

然而，到了明朝后半期，文化从成熟期进入颓废期，造园也毫不例外地渐渐失去独创性，极其纤巧精致的匠人艺术性格日益增强。

进入清代之后，大批文人解甲归田，只有处事圆滑的官僚留任，所以能意识到文人庭园危机的文人已不复存在。庭园主人从文人官僚转变成土地暴发户和富商阶层。再加上康熙、乾隆两帝南巡之际，扬州的盐官和盐商们为讨两帝欢心，纷纷模仿宫苑，造园风潮兴起（将在第七章详述），这种娇奢华美的造园风格迅速在全中国盛行。

作为这一趋势的根源，城市山林在明朝后期就已经充分达到了人工化的极致，如今经由这些颇具暴发户趣味的园主之手，庭园变得极尽繁缛、争奇斗艳、光彩夺目，进而造园迅速转向畸形化的发展方向。于是，这些新晋的庭园主人们将其畸形化的庭园称为“咫尺山林”。“咫尺”指距离很近或非常微小；“咫尺山林”一词既隐含着“突然出现在眼前，令人惊艳的大自然山水”的意思，也可以表现庭园之小“咫尺之内再造乾坤”。实际上，前面引用达鲁库尔公爵的“在窗前营造可怕的瀑布”之语，就是对这种逾越常规的咫尺山林最恰当的讽刺。

那么，今天能够看到的古典庭园，要么是清代营建的，要么是明代之前的庭园经过清代的改建或再建，或多或少都可以看出咫尺山林的影响。

按照以上的叙述，我认为城市山林，即中世纪以后的文人庭园的历史是一部倒退的历史，然而从庭园研究者的解读来看却是进步的历史。

其中的原因是什么呢？

今天看到的古典庭园的实际状态，几乎都是以建筑为主的宫苑风格的庭园形式，因此研究者几乎都是建筑领域的人士。因为宫苑风格的庭园与文人庭园越是融合，其精神性和文化性就越高，所以说中国庭园的历史是进步的历史。与此相对，文人庭园与宫苑式的庭园风格越是融合，就越会丧失其本来的纯粹性，从这点来说，中国庭园的历史是退步的历史。

由此，中国园林的认识方式，就会因为视点置于庭园之“形”还是庭园之“心”的不同而导致两种不同的见解。从历史的角度来看，中国的文人认为庭园之心更加重要。而从庭园之形的角度对庭园展开学术研究则是近代以来的事，其先驱是欧洲和日本的学者，却不是中国人自己。

因此，我的思考如下：

日本人通常对庭园的看法是这样的：“以庭园之景代替自然的风景，通过这种风景与庭园作者的心灵产生共鸣。”如果局限于这样的思维方式，从中国的咫尺山林那种怪异的形态，大概无论如何也想象不出中国人所描绘的城市山林的理想图像的。

要想做到这一点，需要相当广博的知识和长久的时间，所以对于那些没有条件的日本旅行者来说，为了真正理解江南的庭园，需要一本能尽快理解庭园之心的指导手册。而就我所知的范围，现实中却非常缺乏这样的资料。

因此出于这样的考虑，我开始尝试收集有关江南庭园之心的信息。这本简单的小书就是这些工作的成果。虽然难免有自以为是和缺乏客观性之嫌，但却散发着浪漫的芳香。

著者

目录

第一章
苏州拙政园

一、从拙政园看文人造园

苏州被称为庭园之都，在苏州的庭园中，拙政园和留园被誉为庭园双璧。在今天所能见到的古典庭园之中，拙政园是最接近文人庭园原点的园林，具有极为珍贵的价值。

由于拙政园景观清晰朴素且构成单纯，所以比较容易理解文人庭园的基本构成，或者说，今天依然能够从拙政园的景观容易地推测出原来设计者的“初心”，从这些方面来说，拙政园在全中国都是绝无仅有的。因此，拙政园是专家们最为关注的庭园，无论何时都会带领学生来参观。我们也首先从这个庭园开始，学习文人自己造园的基本知识。

1. 造园的构思（庭园的立意）

从有造园动机开始，到获得最初的视觉形象的阶段，称为“庭园的立意”。因此，那些任由造园匠人随意营造的庭园是没有立意的。拙政园的立意是将园主人强烈的归隐愿望倾注其中，从一开始造园的方针就非常清晰。

介绍手册对拙政园主人的立意是这样说明的：“御史王献臣，因不与权贵合作致官场失意，于明正德初年（1506 年）辞官还乡，营造拙政园，借庭园寄托愤世嫉俗之心。”

王献臣字敬止，生性刚直不阿，曾任巡察御史。因拒收贿赂、无私执法，招致被告的忌恨，而受谗言陷害、遭受贬官的厄运。此类事情一而再、再而三地发生，他终于不堪忍受，在第三次贬官之后，未去赴任而辞官回到故乡。介绍手册中引用的古诗“久在樊笼里，复得返自然”，很好地表达了王献臣彼时的心情。这句诗表达的正是陶渊明挣脱官宦生活的束缚，开始隐居生活时的喜悦之情。

然而，陶渊明回归的故乡是大自然赋予的田园世界，他只是住在自己的家里，过着以大自然为友的生活。但是，王献臣回归的故乡是当时中国最发达的文化城市苏州，大批的豪绅显贵和富商大贾们聚居于此，竞相营造豪华的庭园。就在这样的风潮中，王献臣也开始营造庭园。

关于这次造园，介绍手册称其目的是“闹中取静，不出城市而得山林之性，逍遥自得而享闲居之乐”，所谓“不出城市而得山林之性”，意味着要去实现“继承自然式山水庭园的精神”这一“城市山林”的理想。但是在当时（明代），人工式豪华的造园风格达到顶峰，王献臣当作理想追求的自然式城市山林早已消失得无影无踪。因此，王献臣的造园成为逆时代潮流而动的孤军奋战。

为什么说是孤军奋战呢？

当时官场宦官执掌大权，佞臣出人头地。对这些现象的批判不仅会给自己带来杀身之祸，而且意味着株连一族。生在这样一个政治的恐怖时代，王献臣心中仅存的“道”，除了将其愤世嫉俗之心寄托于庭园之外别无他法。因此，王献臣敢于在当时绚烂豪华的造园风潮中逆潮流而动，通过清新自然的庭园来讽刺官场的混乱现象。

以下就对王献臣的庭园和一般庭园的形象做一比较，以供参考（括号内为世间一般庭园的形象）：

·营造适合隐居的清静简朴的庭园（为了炫耀权力和财富尽可能营造豪华的庭园）。

·山水旨在表现故乡苏州附近原始状态的田园风景（以名山秀水为范本，要营造超越其他庭园的华美庭园）。

·将建筑和设施减到最少，以山水之美为第一要素（建筑物是为了待客，对居住性和装饰性都非常重视）。

·按照自古的传统，造园必须自己亲力亲为（为了营造气派的庭园，任何事情都尽可能委托给专门的匠师）。

2. 设计与筑庭（庭园的造景）

画家加藤芳郎先生的漫画《俺是妖怪！》里有这样的桥段：隐居的主人失踪了，所有家人都去寻找，结果发现悬挂在住宅凹间（日本客厅里挂画、陈设装饰品的壁龛）内的立轴山水画中，主人背着口袋正在爬山。这是在讽刺最近的人们已经无法理解山水画的构造了！

山水画，不是将视点固定于一处的风景画，而是将画家自己的心路历程，像戏剧一样按照时间的顺序精心排列组织、用"景"的方式加以说明。因此那位隐士按照画中描绘的路径，在亭中小憩，跨过小桥，再登上观瀑台，按此顺序探寻画家最后到达的心境。

将这种山水画的二次元世界立体化就成为庭园。在庭园中为了更好地按顺序观赏，有各种技法，其中基本的方法有如下几点。

（1）景区与主景

文人艺术中诗、文、书、画皆同源，其构成均以中国古诗词中的"起承转合"作为基本的标准[1]。所以庭园之景的组织，大体上也采用这种与古诗相似的构成方式，其中的一组称为"景区"，几个景区汇集在一起就形成庭园。只不过与唐代的庭园不同的是，城市山林不是将景区划分成截然不同的区域，而是景区之间互有重叠（参照拙政园的环游一节内容）。各个景区的中心部分称为"主景"，但由于第一个景区的主景对于表现全

---

1 在日本，说明古诗中起承转合的要领时，经常引用下面的和歌：

（起）本町二丁目丝绸店主的女儿们，（承）姐姐二十一妹妹十九，

（转）诸国的大名以弓箭杀戮，（合）丝绸店主的女儿用眼神就可以杀人（夺人魂魄）。

从这个例子大体可以明白组织顺序的要领，需要注意的是，在这首和歌中并没说丝绸店主的女儿们长得很美，而是感受其美。也就是说，想要表达文字不能直说的言外之意时，可以采用起承转合的秘诀。

园的主题最为重要，故通常所说的主景就是指第一景区的主景。

今天的拙政园虽是座大型庭园，但也只划分成四个景区，其景观非常简洁明快。主景反映拙政园水乡湖岛的主题，其中的岛则可以看作是王献臣的自画像。

（2）庭园的环游

按照顺序精心组织的景点序列叫作“游览路线”。一般会有几条不同的游览路线，沿着一定的路线边走边游览观景称为“动观”。而在游览途中停在某处赏景称为“静观”，静观可以确认之前所看过的动观之景。庭园的设计者会在希望来客坐下来静观的位置，预先设置能够眺望赏景的设施。因此，诸如小桥、平台、亭子、楼阁等，几乎都是指示路线的标识。

这种动观、静观之类的语言通常是中国哲学中的词语，在这里却是庭园用语。但是动观、静观的终极目的就是获得幻境的直观景象，从这一点来说，并非与形而上的世界毫无关系。

今天的拙政园不仅景区划分比较清晰，而且建筑物比较少，从这两点来说，按照正常路线来游览就比较轻松。陈从周教授在其《说园》[1]一书中，准确地把握住了拙政园这种最适合动观的特征，并亲切地称之为“动观之园”。

（3）山水与建筑物的调和

从上面的解说可知，中国的庭园景观是由自然景观（即山水景观）

---

1 陈从周（1918—2000），上海同济大学建筑学科的教授，为普及中国古典庭园知识而撰写了大量的文章著作。在日本已经翻译出版了《苏州园林》（1956年リブロポート出版），陈教授的散文集《说园》也有英译本，拥有广泛的读者。此后会时常引用《说园》一文，由于陈教授的古典文学造诣深厚，其文章比较难懂，所以几乎都是自己不成熟的意译，敬请读者谅解。

和建筑景观共同构成的，但我们对为何一定要有建筑物仍然心存疑问。对此或许有各种各样的解释，其中之一就是“四可”的思考方法。

在中国很早就有“优美的景观是个人体验选择的结果”（心物交感、情景交融）的理论，北宋画家郭熙的《林泉高致》一书中有“世之笃论，谓山水有可行者，有可望者，有可游者，有可居者。画凡至此，皆入妙品”之语，作为庭园中必须修建建筑物的四个条件，“四可”包含如下的内容：

可行，供游览使用的步道、桥梁、山洞、回廊、舟船等；

可望，用以观景的场所标志物如亭子等建筑；

可游，用于赋诗、垂钓、对弈等园中游戏的建筑物；

可居，用于宴席、休息、打盹等园中活动的建筑物。

关于“四可”，虽然需要留意建筑物与山水的协调，建筑的数量、容积、色彩、形式、风格等都需要好好斟酌、仔细推敲，但这一点一般却不被重视，“四可”只作为建筑物存在的条件而被逐渐强调，这是导致中国庭园中建筑物众多的原因之一。

（4）造园的责任分担

英国建筑师安德鲁·伯伊德说过：“（非个人化的、非常模式化的中国建筑）在各个时期的建筑意图、细部表现以及统一控制，几乎全部由工匠们完成；统治者、美学家，或知识分子阶层，即使拥有能替代匠人们的知识，也很少去做那些工匠的工作。但是对于庭园来说情况却不同。（没有规定说庭园应该是什么样的）庭园的总体布局规划，与诗词、绘画的情况相类似，本来就是学者和士大夫的工作。”（摘录自田中淡译《中国的建筑与城市》）虽说造园都是文人的工作，但作为实际问题，庭园中与自然景观相对的还有建筑景观，所以还必须依赖工匠的传统营造技术。因此造园有“匠三主七（三分匠七分主人）”的说法，这种划分是比较理想的比例[1]。不过当主人没有什么立意的时候，造景相关的事宜就要借助文人画家的合作。王献臣营造拙政园时，就是委托文徵明来完成全部景观营造的。

另外，也可以将“匠三主七”粗略地概括成，依靠工匠修筑的建筑空间与文人自己承担的山水空间的比例。至今，拙政园依然大体上保持这一比例，但是大多数庭园因建筑的比例占压倒性的优势，反而变成“匠七主三”了。因此，大木工匠的工作逐渐增加，结果不论建筑还是山水都变成造园匠师完成的了。当人们意识到此问题时，文人们不知何时起已不再插手造园了。由此看来，王献臣自己造园这件事，在明代是非常难能可贵的。

3. 借助文字的庭园心象表现（狭义的意境）

造园者思想观念的象征被称为“意境”。意境也可以说是心象风景。日本人欣赏庭园时，相对于造园者想要表达的意境，更关注景观所表现出来的造园者的审美意识；但在中国文人庭园中，与那些容易改变的景观所表达的审美意识相比，诗文等景观之外表现出的造园者的立意和意境更加重要。

从文人的视点来看，庭园内的景观都是园主的意境，堆筑起的山丘“反映园主的胸中丘壑”而被称为“假山”。也就是说，假山不是自然界中山的模仿之物，而应该解释成假借山的形式表现园主心中的思想观念。另外，庭园也被称为山水。在中国世间万物都体现“虚实相生”的思想，有形之山为“实”，无形之水为“虚”，大自然为山水，因此，庭园中的自然景观也称为山水。

---

1 “匠三主七”，出自造园著作《园冶》，本来是文人庭园中不成文的规定。但是，在中国从重视劳动者的观点出发，有主人是造园师而并非庭园主人的解释。

以上只是普通的意境，而造园最高阶段的意境，则专指“由文字表现出的意境”，也就是狭义的意境。具体来说，有庭园、建筑和园景的名称，匾额和对联中的诗句，石碑上先人的笔迹，还有题写园记，吟咏庭园景色的诗句，记述游园感想的文章等，以上这些通过文学性操作保留的东西都是经由文字表现的意境。

这种文字的意境，在中国这个文字的国度，是庭园中无论如何也不能缺少的。它们可以告诉游人这个庭园景观的看点，可以暗示景观表达不尽的园主的心境，可以读懂先人的心思，也可以向后世传达自己的所思所想。另外，这种意境还可以借助每次游园活动，借助客人与主人之间的诗文酬答应和，永远地继续追加下去。

这种文字意境是了不起的中国文学，隐含着言外之意。因此必须要有古典文学的修养才能更好地理解，说实话这是我力不能及的。但是在中国的造园中，通过文字的表现与景观的表现同等重要，如果无视由文字表现的意境，就等于没有观赏庭园之景。

拙政园的意境中“拙政”一词很值得探讨。它出自西晋时期潘岳（247—300 年）表现隐居生活的《闲居赋》“灌园鬻蔬，供朝夕之膳……此亦拙者之为政也”，是其中“拙者之为政”的缩语。因此“拙政”一词，可以解释为与在位的当权者相对的、纯朴的隐士生活。

然而，潘岳本人却过分追求功名而献媚于权贵，终因卷入政治斗争而获刑被杀。换言之，如果是才华横溢但缺乏隐士美德的人，这句“拙者之为政”的深层含义就有自我嘲讽，或者揶揄当时统治阶层的意味。有说法认为，王献臣也许是对该词的深层含义产生了共鸣，此事还有待进一步讨论。

此外，拙政园中就都是清新美好的意境了。要想了解这些，有文徵明所作《王氏拙政园记》《拙政园图册三十一景》（图 1）以及《题咏诗集》

可以参考，其中《王氏拙政园记》的前半部分详细记录了当时庭园的面貌。我只从中摘录出园景的题名来列成一个表格，可以跟今天的拙政园景做一比较。景的名称隐含着各种意境，可以借此追忆昔日拙政园的风姿。

图1 文徵明画《拙政园图册三十一景》中的二景(引自《园林之城》)

上图为初期拙政园的梦隐楼与架设在其前方的小飞虹，下图为若墅堂。可以发现，与今天的拙政园相比，当时的园景相当简单朴素。

拙政园三十一景一览表（按照《王氏拙政园记》的记载顺序）

序号	名称	位置及名称由来
1	梦隐楼	位于池边的高楼，王献臣为择宅居处而祈梦九鲤湖，因梦中得一“隐”字，故名（图1）
2	若墅堂	位于梦隐楼之南，传为唐代诗人陆龟蒙所居池馆旧址，因皮日休称其具有“不出郛郭，旷若郊墅”的野趣而得名（图1）
3	繁香坞	在若墅堂前面的堤坝，杂植牡丹、芍药、海棠等的堤坝，因孟宗献《苏门花坞》中“从君小筑繁香坞，不负长腰玉粒春”的诗句而得名
4	倚玉轩	繁香坞后面的竹石之景
5	小飞虹	位于梦隐楼的南面若墅堂之北的桥名，今天仍存以此命名的桥
6	芙蓉隈	位于庭园西北部，指岸边种有木芙蓉的池水曲深处
7	小沧浪	芙蓉隈西边的水榭，题名延用陆鲁望的沧浪池，另外也借用沧浪亭之名
8	志清处	在小沧浪的西南面，长满修竹的水边幽境
9	柳隩	在水花池之南，栽植成排柳树的池湾岸边。“隩”和“隈”意思相近
10	意远台	位于沧浪池岸边，有“登高意远”之意
11	钓矶石	意远台下水池岸边的岩石，意为垂钓之处
12	水花池	庭园西北角的水池，相传曾种植红白色的莲花
13	净深亭	位于水花池边的竹林之中，因杜甫《陪诸贵公子丈八沟携妓纳凉晚际遇雨二首》“竹深留客处，荷净纳凉时”的诗意而得名
14	待霜亭	在水花池东部，命名取自韦应物《答郑骑曹青橘绝句》中“书后欲题三百颗，洞庭须待满林霜”的诗句，种植柑橘静候冬日霜色之意
15	听松风处	在梦隐楼之北，据传有长松数株成片栽植。《南史·陶弘景传》载其“特爱松风，庭院皆植松，每闻其响，欣然为乐”
16	怡颜处	梦隐楼南侧，由陶渊明诗句“眄庭柯以怡颜”而来

续表

序号	名称	位置及名称由来
17	来禽囿	沧浪池北岸的林檎园，意为禽舍，“禽”“檎”相通（译者注：另有一种说法为栽植林禽的囿圃，见卜复鸣，徐青.《明代王氏拙政园原貌探析》，中国园艺文摘，2012.02）
18	得真亭	位于庭园东北角，相传有四棵桧木，因左思《招隐二首》中“竹柏得其真”诗句而命名
19	珍李坂	在得真亭后面的小山丘上，李树是王献臣在北京为官时的纪念之树
20	玫瑰柴	在得真亭南面，开满蔷薇科玫瑰的斜坡
21	蔷薇径	与玫瑰柴相连，种植蔷薇的斜坡
22	桃花沜	位于小沧浪东南部，意为遍植桃树的池岸（世外桃源）
23	湘筠坞	桃花沜之南槐雨亭以北，“筠”意为竹，“坞”乃堤坝
24	槐幄	位于湘筠坞的南面，传有古槐一株。幄意为简易的建筑物
25	槐雨亭	桃花沜南侧，西临竹涧，种有槐、榆、竹、柏。槐雨也是王献臣的雅号
26	尔耳轩	在槐雨亭后面，由《世说新语·任诞》中“未能免俗，聊复尔耳”而名
27	芭蕉槛	在槐雨亭的东侧。“槛”的原意是圈笼
28	竹涧	瑶圃的东部栽有优美竹林的山谷
29	瑶圃	在庭园东南角，与竹涧相邻，传说有上百株的梅林
30	嘉实亭	在瑶圃的梅林之中，“嘉实”即梅的果实
31	玉泉	瑶圃中的泉水，用以纪念北京玉泉山的清泉，王献臣号为玉泉山人

二、拙政园三园的历史与现状

1. 拙政园的初创阶段

我对王献臣造园的详细过程并不太了解。对于其逆时代潮流的造园风格，当时世间的评论似乎并非都是正面的。其间始终给予王献臣大力支持的就是文徵明，因此我们就从文徵明的年谱和传说开始，尝试推理一下造园的实际情况。

（1）陆龟蒙的池馆

王献臣最初的贬谪地是福建省上杭县。到任后的某天夜里，他梦见太上老君赐给他一个“隐”字，经颇有名望的道士指点迷津，他被告知“选择一处地点隐居吧”。于是他到处寻找，在自己的故乡苏州市内，找到了唐末诗人陆龟蒙曾经居住过的池馆旧址。

陆龟蒙，与皮日休并称为“皮陆”，他是晚唐时期批判现实社会黑暗政治的文学家，很早就对官场失望而隐居于故乡苏州。某日来到苏州的皮日休看到了陆龟蒙的池馆，叹其“旷若郊墅”，可见，这座位于池畔名为沧浪池的池馆庭园，当时是多么富有郊野之趣。

王献臣认为能在与自己志趣相投的陆龟蒙池馆旧址隐居可谓奇遇，他对此欣喜若狂，并且决心再现昔日陆龟蒙池馆庭园的风采。这成为拙政园景观形态的初衷。文徵明在《王氏拙政园记》的开头已经写得很清楚。下面就是原文，为明确与景观形态的关系，特意在文中括弧内补充说明。

槐雨先生王君敬止所居（“隐”字为献臣祈梦九鲤湖，由梦中的神仙灵谕而得），在郡城东北界娄、齐门之间。居（原是陆龟蒙池馆的旧址，现在）多隙地，（沧浪池所在地附近）有积水亘其中，稍加浚治（重新命名为沧浪池）。环以林木。为重屋其阳（在池北侧按照灵梦中所示），曰梦隐楼；为堂其阴（在池南按照皮日休所咏之诗句），曰若墅堂。

（2）文徵明的影子

陈舜臣先生在其《中国画人传》中写道：“站在拙政园里，不可思议的是总能感觉到文徵明的存在。听香深处有之、半宵梅影有之、玲珑馆亦有之、绣绮亭还有之，虽然每处都是小景，但是彼此相异色彩纷呈，仿佛由闪烁的珠宝镶嵌而成的庭园，若将其与人互喻应该就是文徵明本人了吧！”这些暗示着拙政园的营造与文徵明的密切关系。

陈先生在这里提到的拙政园景大多位于枇杷园中。枇杷园的人工色彩很强，设计极其纤细敏感，这种情趣虽与文徵明的画风非常合拍，却与王献臣爱好野趣的志向格格不入。所以说，拙政园的造景与文徵明有更密切的关系。

再说到两人的关系。由《文徵明年谱》可知，文徵明和王献臣从少年时代开始就是总角之交的好友，成年之后也是常常书信往来。王献臣开始造园之后，文徵明不仅住在苏州城内，还在拙政园里营建了一处画室，并在其中作画。庭园完成之后，文徵明撰写了《王氏拙政园记》，还绘制了《拙政园三十一景》，并为其添加《题咏集》。

如前所述，王献臣的庭园名称“拙政”虽然取自西晋潘岳的《闲居赋》，却有“揶揄明朝腐败政治”的意味。由于当时正值明朝的恐怖政治最猖獗的时期，文徵明非常担心这些传言会让王献臣本人及其亲族都面临灭顶之灾。《王氏拙政园记》的后半部分可以非常清楚地读出他对朋友的关切之情，关系如此亲密，王献臣请文徵明来帮助他造园就是理所当然了。

王君之言曰：“昔潘岳氏仕宦不达，故筑室种树，灌园鬻蔬，曰：‘此亦拙者之为政也。’余自筮仕抵今，馀四十年，同时之人，或起家至八坐，登三事，而吾仅以一郡倅老退林下，其为政殆有拙于岳者，园所以识也。”

虽然，君于岳则有间矣。君以进士高科仕为名法从，直躬殉道，非久被斥。其后旋起旅废，迄摈不复，其为人岂龌龊自守、视时浮沉者哉？岳虽漫为闲居之言，而谄事时人，至于望尘雅拜，干没势权，终罹咎祸。

考其平生，盖终其身未尝暂去官守以即其闲居之乐也。岂唯岳哉！古之名贤胜士，固有有志于是，而际会功名，不能解脱，又或升沉迁徙，不获遂志，如岳者何限哉！而君甫及强仕即解官家处，所谓筑室种树，灌园鬻蔬，逍遥自得，享闲居之乐者，二十年于此矣。究其所得，虽古之高贤胜士，亦或有所不逮也，而何岳之足云！所为区区以岳自况，亦聊以宣其不达之志焉耳。而其志之所乐，固有在彼而不在此者。

是故高官胜仕，人所慕乐，而祸患攸伏，造物者每消息其中，使君得志一时，而或横罹灾变，其视末杀斯世，而优游馀年，果孰多少哉？君子于此。必有所择矣。徵明漫仕而归，虽踪迹不同于君，而潦倒末杀，略相曹耦，顾不得一亩之宫以寄其栖逸之志，而独有羡于君，既取其园中景物悉为赋之，而复为之记。

（3）短暂的拙政园

拙政园土地的西半部曾是道观的旧址，王献臣当时立刻就买下来了；但是东半部有大弘寺，因其搬迁的问题非常棘手，花了十年以上的时间才建成拙政园。不仅如此，貌似他曾强行要求寺庙搬迁，因此当时社会上出现了对王献臣的强烈不满。

就在这历经十多年的造园将完未完之际，王献臣去世了。其后接手的王献臣之子是个酒色之徒，在一次赌博中输了，结果就把拙政园抵押给徐某。

从明末清初的诗人吴伟业的咏物诗《咏拙政园山茶》来看，关于拙政园的营造，有“苦夺精蓝为玩花”之句；另外关于拙政园的命运，又有“儿郎纵博赌名园，一掷输人等糠秕”，都是带有责难口气的诗词。

2. 其后的分裂状况

（1）拙政园

徐某从王献臣儿子手中夺过拙政园之后，将庭园一分为二，把东半部分转让给了别人，西半部则按照自己的喜好进行了改造，并命名为“佳园”。其后，庭园几易其主，数更其名，明末清初创建当时的面貌早已不复存在。据说当时的园主之一是引清军入关、致明朝覆灭的吴三桂，而实际情况是吴三桂的女婿王永康。

乾隆年间，拙政园到了名叫蒋诵先的文人手中。蒋诵先一直为再现王献臣的拙政园而煞费苦心，完成之后命名为“复园”。蒋诵先的舅舅袁枚[1]是当时著名的风流雅士，袁枚经常造访复园并吟诗作赋，这些诗文渐渐被世人接受，结果，拙政园突然之间就名扬天下了。

复园之后依然经常更换园主。太平天国运动时期，庭园被太平军占领，相传忠王李秀成非常喜爱此园，将其作为忠王府宫邸。其外部大多用作官署和会馆，有时庭园荒芜了变成居民杂居之处，但总体没有发生太大的改变。

进入20世纪之后，拙政园中便无人居住而变得一片荒芜。但当时的人们却对这种荒芜的景象喜爱有加，反而进一步提高了拙政园的人气。

（2）补园

其间，西侧的一部分曾被分割出去。据史料记载，乾隆年间复园西侧的一部分成为叶氏的“叶园”。其后的状况不得而知，最终在清朝末年，

---

1 袁枚，号简斋，因其在南京的居所“随园”而被世人称为“随园先生”。爱好造园和游园，遍访各地的风景名胜，虽然作为美食家和风流雅士过着奢侈的生活，但其费用几乎全部是出售文集书稿所得（也称润笔费），可见是非常有人气的文人。

由富豪地主张履谦购买了西侧的部分，并且改造成为当时流行的暴发户审美格调，并起名“补园”。

（3）归田园

很早就被划分出去的拙政园东部区域在明末完全荒芜了，后被著名文人王心一购得并建成为“归田园”。

此时的王心一，在与一直觊觎朝政的宦官魏忠贤的斗争中失败，被贬官来到苏州。在这里，他对王献臣的立场产生了强烈的共鸣，又看到被分割荒芜的拙政园，于是就营造了归田园来缅怀昔日的拙政园。结果王心一这一举动受到世人的广泛好评，归田园的名声也日益高涨。之后，王心一的子孙们精心守护此园，使之一直延续到18世纪末期，但之后还是逐渐荒芜了。

3. 拙政园的现状

（1）中华人民共和国成立后的再兴起

1949年以后，苏州市政府把拙政园的修复作为重点推进的工作。不少学者也对其展开了前期的调查，制定出以清末时的状况为基础的修复方针。首先，将拙政园和补园同时修复，于1956年修复完成并向公众开放。之后又过了两年，在归田园的遗址上开始营造新的庭园，并在1959年完成后向社会公众全部开放。

其结果：中部的拙政园继承保持了拙政园自古以来的造园传统，但是，由于约占全部面积一半的东部园区已经不存在，与初创时期的拙政园相比，现在的拙政园更接近于清代的复园。

西部的补园是清末豪奢的造园风气代表。补园中那些奢华的建筑物，与拙政园中那些明快朴素的建筑形成鲜明的对比，因此通过游览补园，更能认识到拙政园的卓越之处。

在东部归田园旧址上建造起来的庭园，虽然使用了归田园当时的建筑名称，也在努力保留归田园的旧时风貌，但基本上就是现代风格的公园，市民们或在茶馆度过半天闲暇时光，或者在此练习太极拳和散步。但是，正因为这里作为公园吸纳了市民的需求，才有可能维持中部拙政园和西部补园作为古代文化遗产的价值吧。

就这样，明代的古典庭园、清代的古典庭园与现代的市民公园，三种特点各异的园林并排在一起，而且功能相互补充完美融合。如此理想的庭园构成，在偌大的中国也只有拙政园了。因此，拙政园的管理部门希望能吸引更多游客来此三园游赏的做法，也就能够理解了。

（2）容易混淆的三园鼎立

然而，一位前辈作家却这样描述他 1978 年首次到访拙政园的印象：

> 我至今依然认为，我曾经看过的拙政园，作为中国式庭园来说还不算差。只是面积太大，沿着水池和堆山走着走着就累了。庭园一半以上都是大大小小的水池。在苏州这样低湿地区，如果用开掘水池的土，堆筑成各种高低不同的山丘，就没有干燥的地方。虽然在一些干燥之处，建有堂馆或楼阁和亭子，但这些都是厚重粘腻的建筑，或许由于这种原因吧，在我的记忆里只留下了疲惫的印象。
>
> （周刊朝日连载《街道漫步》）

当时作家还回忆说“更不幸的是，一边听着导游的介绍，一边上车又下车，只看了一些名胜古迹”。当时是 1978 年，中国政府开始接待很多外国政要和文化名人，正是对外宣传国家复兴繁荣的时代。可以想象，这位作家一定是被当作贵宾隆重接待，按照接待方面的日程安排参观了拙政园。于是作家以其锐利的眼光，观察分析拙政园的现状，认为它作为中国式庭园“还不算差”，却“只留下疲惫的印象”。那么这种“疲惫”的原因何在？这就成了我感兴趣的问题。

现存的东部、中部、西部三个庭园的正确观赏顺序是——首先从中部的园门进入，在最有兴致的中部区域游览一圈，然后去参观西部。是否去东部要看当时的状况，不看也无所谓。

但是，现在中部的大门被关闭了，这种方法行不通。因此从东部的大门进园，如果再按刚才的顺序游览，那么相同的地点就要重复经过，这就需要花费很多时间。所以实际参观时，团体游客的导游会带领大家从东部的大门进入，由东部—中部—西部，每个庭园都从北侧游览通过；回程时则反过来，经西部—中部—东部，从庭园的南侧一路看过来，经由东部的大门出来。没有按照正确的路线游览，大概是那位前辈感到疲惫的主要原因。（见图 2）

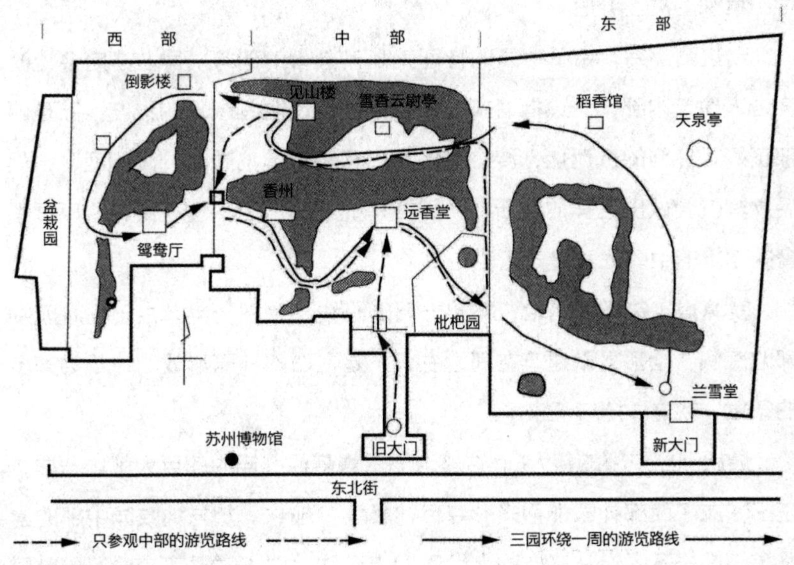

图 2 拙政园三园的概念图

现在，按照导游的介绍绕园一周，来试着验证那些导致疲惫的原因。

进入东部新设的大门，最初看到是兰雪堂中央的大型漆绘《拙政园图景》。导游会在这幅漆绘之前介绍说："拙政园是明代的优秀庭园，但是刚建成就被分割开来，在四百年的漫长时间里一直没有恢复。1949年之后，经过人民的改造，终于再现了当初的拙政园。"从这些解说，游客们会相信今天的拙政园就像这幅漆绘一样，是一座完整的庭园。因此，在占据全园一半以上面积的东部区域，游客都会仔细地边看边走，这就成为疲惫的首要原因。

接着就是去程的北环路线，基本都是在湖池岛屿中间漫步穿行的山水风景线路，那位前辈作家所说的"庭园一半以上都是大大小小的水池……"，虽然是在说明掘池筑山的营造方式，可能也是对这些景象印象太深刻了吧。但是如此片面的看法，实在是没有明白拙政园最重要的中部景观的真正价值。

到达西部后，由于补园的特征就是其豪奢的建筑，导游必定会让游客进入建筑内部，一边指着实物一边详细地说明其豪华的程度。而且西部正好是环路的折返点，游客会认为"这里就是拙政园的高潮吧"，然后立刻就会做出这样的判断："即便是拙政园，也不过是只有些厚重繁奢的建筑的中国庭园之一吧。"

就算得出这样的结论，环游一周的路线还剩下一半。由于拙政园中部的南侧，全都是以建筑空间为主，于是在西部补园形成的建筑物繁多的印象，就这样持续下来了。

最后回到东部的新大门，这座大门做得就像孔庙中的巨大牌坊一样，正好呼应了西部补园那种光彩夺目的暴发户趣味，却与拙政园中部的素雅风格格格不入。从这样的大门里迎来送往，"不过是只有些厚重黏腻的建筑的中国庭园之一"这种判断，就更加根深蒂固了。

综上所述，将拙政园的三园合在一起环游的做法，对于那些努力想要理解中国庭园的人来说，就仿佛把杂乱无章、混在一起的三组智力拼图拼成一组。当这种毫无意义的努力逐渐变成厌恶的情绪时，任凭庭园的景色再好，拖着早已走累的双脚也无心欣赏，出现“只是感到疲惫”的惨状，就是理所当然的结果了吧。

（3）有识之士的抗议活动

中华人民共和国成立后不久，国内还处于战后复兴、各种难题堆积如山的时候，中国政府就着手进行古典庭园的复兴了。虽然其初衷大概是为了保护这些珍贵的文化遗产，但是在初期阶段，把封建时代统治者的庭园归还到人民手中的做法，极大地鼓舞了人民对祖国复兴的士气。从那以后，随着古典庭园认定工作的不断推进，在庭园的修复和维护的经费方面开始出现问题。不过，恰逢此时中国迎来了旅游观光的大好时机，不久就采用旅游产业开发的商业化手段解决了那些经费问题。于是，庭园的管理部门为了增加收入想方设法招揽游客；然而游客增多之后，如何在游客云集的情况下保护庭园，又成为令人头疼的问题。

上述拙政园游览中的种种问题，就是在这样一个过程中产生的。

坦率地说，妨碍拙政园观赏体验的因素，就是为了提高收入而关闭了原来的大门，只把新设的大门作为出入口。其结果是完全忽视了三座庭园各自具有的不同特点。对庭园内部情况非常了解的常客另当别论，那些初次到访拙政园的游客，只能依赖导游的讲解，并且跟着介绍的顺序行走观赏。结果就是像那位前辈作家那样只剩下疲惫不堪的印象，这对那些为拙政园冠以“中国第一名园”的专家们来说，简直就是无法忍受的痛苦，甚至是屈辱。这些专家中的一位就是陈从周教授，在他的《说园》一文中，对此事提出了如下的抗议：

园有一定之观赏路线，正如文章之有起承转合，手卷之有引首、卷本、拖尾，有其不可颠倒之整体性。今苏州拙政园入口处为东部边门，网师园入口处为北部后门，大悖常理。记得《义山杂纂》列人间煞风景事有“松下喝道，看花泪下，苔上铺席，花下晒　，游春载重，石笋系马，月下把火，背山起楼，果园种菜，花架下养鸡鸭”，等等。今余为之增补一条曰：“开后门以延游客”，质诸园林管理者以为如何？

陈教授这篇文章，以其辛辣幽默的文笔直击问题的要害。如今，陈教授的这篇文章已经成为檄文，使越来越多的有识之士产生共鸣。听说最近网师园的南门已经开放了，开放拙政园的旧园门，大概也只是时间的问题了。

三、隐士园林拙政园的环游

1. 庭园的前奏（旧的大门—腰门）

游赏拙政园的正确路线，是从现在关闭的旧大门开始的。从旧大门到腰门之间是进入庭园的引路，就像日本茶庭中的外露地（译者注：指茶庭内部从休息所到中门之间的露地庭园），虽说观念上是从世俗凡间去往方外天地的通路，但其实体就是穿过住宅区域通向庭园的穿越小道。引路一般都做得很朴素，因为要从这里引出并且展开庭园之景，故这种手法叫作“抑景”。

很遗憾如今旧的大门已经关闭，无法看到这里的样貌，根据大门关闭之前曾经走过这条引路的名取洋之助先生的文章（岩波书店《中国诗人选集》附录）——“任何一座中国的名园，对我来说都是异想天开的。特别是通往庭园的道路，简直太精彩了。拙政园的入口等处，两侧有高墙包围，不足三尺宽的道路几经曲折，尽头迎面的围墙上有圆形洞门，门洞内园景微现，吸引游人进入庭园。园内又被分成几个小园，各自按照精心安排的顺序依次出现，步移景易，引人入胜，每一处景色都令人惊艳。”

从腰门开始就进入真正的环游路线了，孙筱祥教授曾经把拙政园的景区构成比作交响乐的四个乐章。从整体来说，第一景区的主景表现全园的主题，各个景区的景观有变化又相互联系，形成顺畅的流线。（以下参考卷末的拙政园平面图。另外，景区构成可参照图3）。

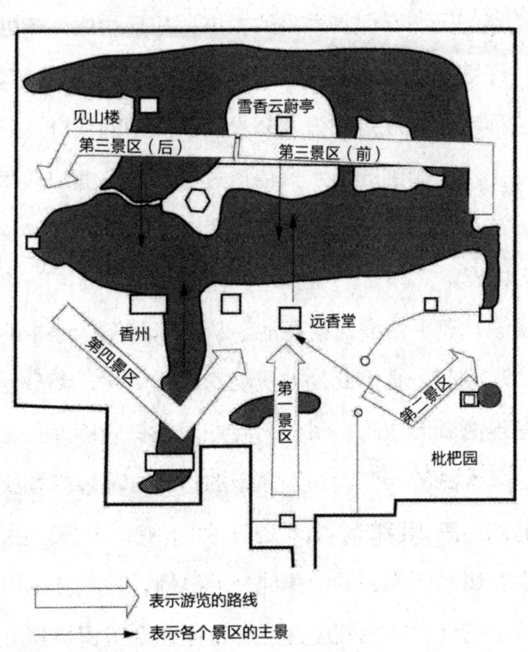

图3 拙政园的景区构成和游览路线

2. 第一景区（腰门—远香堂—平台）

站在腰门前向右侧延伸的园路，就是从东部入园时通向此处的道路。向左延续的回廊，则通向全园的主体建筑，对游园时躲避日晒雨淋不可或缺。腰门前面的石山（假山）称为“障景”，起到玄关前屏风的作用。

这座假山有个山洞，从洞内穿过后就到了半山腰，眼前是一片池沼，池上有桥，桥的尽端，一座厅堂掩映在树林中。从山洞出来看到的这些景物，是根据陶渊明《桃花源记》想象出来的理想世界，应该是王献臣隐居之志的表现吧。

林木中间的堂名为“远香堂”（图4），是拙政园的中心建筑。如今总是被用作花展的场所，但其本来的看点，却是堂内外到处弥漫着淡泊节制的气氛。仔细观察会发现，此堂是孤立存在的，也没有回廊与其他建筑相连，这种精心处理是在强调园主清高孤傲的精神。进入堂内，四面都是玻璃窗，建筑周围的山水景色透过每一扇窗框映入眼帘，宛如一幅幅山水画。这种手法称作“框景”，变成“画中人”的游客就被带入了庭园的梦幻世界。

来到堂的北侧，有平台面对荷花池。从此处眺望，池中的浮岛就是拙政园的主景。从腰门一直到此处，景观的起伏变化，都是为了迎接这里将要看到的主景高潮而做的一系列精心处理。有一种说法是浮在湖面的两座岛屿，是以太湖的芦汀山岛为原型的；与这种解释相比，通过园景去发现最早的园主王献臣的心境才是更重要的吧。一般来说，只有那些司空见惯的水乡风景所代表的明快纯朴的风情，才是王献臣作为田园隐士的心象风景；另外，在泥沼般污浊的官僚社会里保持孤傲精神的王献臣的身影，是通过莲花池中盛开的莲花来表现的。而远香堂之名，即是来自周敦颐《爱莲说》中的“香远益清”。

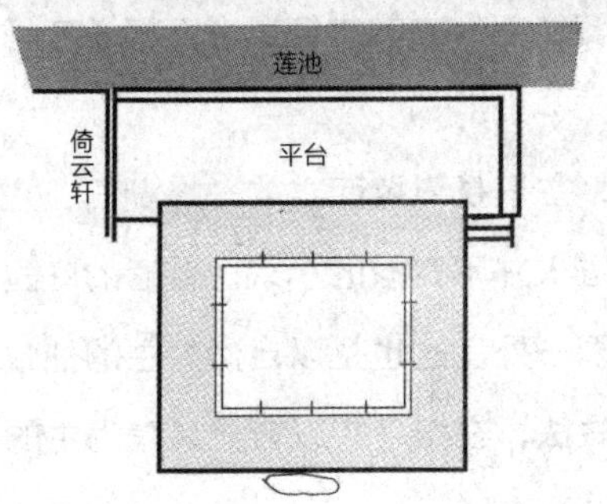

图 4 远香堂及其简洁的平面（引自《苏州园林》）

3. 第二景区（平台—枇杷园—东半亭）

沿着池岸，园路向平台东侧山丘顶上的亭子蜿蜒而去。此处种植牡丹，故亭子名叫绣绮亭，正面墙上开有一个很大的窗洞，正朝向月亮升起的方向。山丘下面，山体与云墙和回廊围成一座小院，令人联想到山脚下宁静的村落。这就是第二景区。

穿过云墙上的月洞门，就进入种着枇杷树的枇杷园。这一片区域都叫枇杷园。回过头来看，刚才经过的月洞门中，平台和岛屿隐约可见。就这样一边回味刚才的印象，一边在枇杷园中逍遥徘徊，直到游客与王献臣的心境融为一体，这才是第二景区的品味方式。

枇杷园整体上虽是人工化的建筑空间，但为了享受自由逍遥之乐，这里的建筑不是按照木工的规矩，而是以徘徊辗转的人心为尺度完成的。举例来说（参照拙政园平面图），从能看见泉池的玲珑馆，沿着回廊向海棠春坞走去，回廊在几步的距离内转折了三次。在第一折，抬眼一瞥可以看见海棠春坞庭院的全景；走了三步向左一拐，绣绮亭所在的山丘和绿树透过花窗映入眼帘；再走五步折向右侧，海棠春坞的建筑就在眼前。进入建筑想要小憩一下，却发现柱子的位置发生了偏移，原来是为了将人的视野向内院扩展。类似这样随处都为人的徘徊思考而精心考虑的细节，正是枇杷园这组建筑的特征。

向卵石铺地的海棠春坞院内望去，主景是靠墙而立的一峰湖石、几株花木和一丛翠竹，正吸引着你踱步进入并不宽敞的小院。普通的庭园中都有很多院落，拙政园中只有枇杷园一处。这也是以自然为主的拙政园的特点。枇杷园这种以建筑为主的做法，在接下来以自然风景为主的第三景区，就可以显示出显著的引导作用了。

回过头来再看，海棠春坞建筑北侧墙壁上有带花纹的“漏窗”[1]，与

---

1 关于“花窗”与“漏窗”，建筑学专家已经列举出各种各样的种类，并且进行了严格区分，但文学家和一般民众却无法周密地区别开来。我则是按照自己的区分方法，比如窗框是纤细的木质材料，或者虽用瓦片但纹样优美的就叫花窗；主要在廊子或墙壁等处的窗户，外侧能透出良好的漏景效果时就叫漏窗。完全透空的窗户就叫“空窗”。

相邻的水边浓绿的树影相映成趣，这是第三景区给缺乏山水的第二景区的馈赠，这种手法成为“漏景”。

4. 第三景区前半部（倚虹桥—雪香云蔚亭）

第三景区的前半部视野突然开阔，变成了开放式的山水景观。走出海棠春坞马上就到倚虹桥，它是拙政园中为数不多的明代遗构。东半亭（倚虹亭）与西部的西半亭（别有洞天）相对而设，其间有东西方向延伸 110 米的悠长水面。请看平面图，这片水面南侧是绣绮亭、远香堂、倚玉轩、香洲等建筑，都是非常人工化的景观，北侧则是两座岛山及绿树和岩石形成的自然景观。这种将自然与人工景观并列对峙，同时又能显示出调和之美的做法，正是拙政园造景的精妙之处，形成了重要的视觉佳境。为了强调这一点，在水面的几乎中央位置，有序地架设着几座石桥来连接两边的景点。

进一步放眼凝望（夏天树木繁茂时就不行了），西半亭对面的远处能看见一座塔，这座巨大的九层八面佛塔，是昔日香火旺盛，号称苏州第一寺的北寺塔，如今成为拙政园的借景。借景在这里是意境创造的重要手段。导游一般在这里会大声地解说：“过去，人们由这座塔想象昔日北寺的繁华喧嚣，就会重新认识拙政园的幽静，并从中找到幻想的世界。”通过想象那种虚幻的喧嚣，来体味空灵幽幻之境的现象，被中国文人称为“虚实相生”。也就是说，在第二景区已将内心打磨干净的游客，面对第三景区的自然山水时，就会直达游园最终的虚幻境界。

从梧竹幽居附近向左过桥就来到两座岛。靠近面前的小岛上有“待霜亭”，意为岛上的柑橘颜色鲜艳夺目。

这里与下一座岛中间虽然只有一步即可跨过去，但这条狭窄的水路却具有重要的意义。这条水道可以看作是全园水源的溪谷。从这个水源流出的溪水穿过湖岛注入大池，池的南岸形成两处水湾，这些水湾变成潜流滋润着水池的南岸。枇杷园内有泉水涌出，远香堂南又有小池等，从这些迹象就可以明白这些潜流的存在。换言之，通过想象这些水脉的曲折蜿蜒，就可以感知整个拙政园所具有的生命律动和生机勃发。

下一座岛上有“雪香云蔚亭”。“雪香”是梅花的雅称，“云蔚”是指云霞，描绘出清爽明媚的印象。柱子上有对联“蝉噪林愈静，鸟鸣山更幽”，这副对联的含义与看到北寺塔时一样，是在预告此处所能感受到的空灵幽幻之境。来到如此清幽的境地，会得到怎样的幽幻之境呢？我想这样来解释。

从雪香云蔚亭前面的平台向下俯瞰远香堂的平台，此时此地的自己，与以前站在远香堂前眺望湖岛的自己相比，虽然心境都是同样的清澈澄明，但是之前是像出淤泥而不染的莲花，自有一分孤芳自赏的执着。但是现在身边云霞缭绕、梅香馥郁，置身于如此清澄的境地，早已感觉不到自我。换言之，仿佛是俗世与仙界、凡人与神仙的区别。

营造此园的王献臣，身处遍地凡夫俗子的官场时，曾以其孤高自傲的境界引以为豪。而身在此园中时就忘记了俗世，能够遨游在自由旷达的境地——这就是我游览拙政园半周之后的感想。

5. 第三景区后半部（荷风四面亭—见山楼—西半亭）

此后的第三景区都是令人亲切和期待的景色，仿佛神仙等待着去自由旷达的仙境畅游。

从雪香云蔚亭一口气走下来，穿过茂盛的荷叶来到荷风四面亭，心情变得像鹭鸟一样轻快欢畅。此后的景色都离不开莲花。拙政园的莲花是一种温柔可爱的品种，花蕊浓密、重瓣层叠，花茎低垂，含笑绽放。共有三处欣赏莲花的场所：

位于中洲的荷风四面亭近观莲花，从离岸稍远的倚玉轩观赏莲花，在莲池环绕的香洲观赏莲花。这些观赏地点之间有些微妙的差异，并且这三处的建筑营造方式展示出了拙政园中建筑与水之间的关系。荷风四面亭的特点是“面水”，倚玉轩是“临水”，香洲是“贴水”。如此精致细腻的造园处理，如果不去三座建筑周边实地体验是无法体会到的。

从层层叠叠的莲叶之间踱过五曲桥，穿过回廊就登上见山楼。这座建筑虽是两层，但由于延续着小山丘的高度并建在水上，故看起来比实际要低。而且建筑的处理突出了横向的线条，与自然景观相呼应。

从见山楼的二层可以欣赏周围的景色。向东瞭望，可见远处群山的轮廓由北向东展开，仿佛与拙政园内山丘的轮廓（大池的中岛—绣绮亭所在的山丘—腰门前的石山—香洲南面的假山—见山楼西部的山丘）连在一起。也就是说，拙政园内的假山群虽是人工之物，却堆筑成像自然延续的山脉一样，这正是此园营造中的精妙之处。

向南望去，见山楼下的水面向南延伸，与东西方向的狭长水道交汇，形成一片十字形的水域。面对这片水域的中心，“停泊着”一艘形状奇特的两层游船，这就是香洲（图5）。香洲向纵深处延续的水院就是第四景区，香洲正是以其奇特的身姿，吸引着游客进入第四景区。

图5 画舫“香洲”侧立面图（引自《苏州园林》）

从见山楼的楼梯下来有一个说明牌，写着“相传太平天国忠王李秀成曾在此处治事”，太平天国运动在中华人民共和国成立之后被重新评价，李秀成的声望大大提高，这为拙政园增添了新的魅力。

见山楼向南展开的一大片回廊名为“柳荫路曲”，见山楼就像折扇骨架的扇钉，几条回廊就像扇骨蜿蜒在树林中间。沿着回廊漫步到水边，向茂密的莲花深处呼唤船家，这样的处理是多么富有奇思妙想啊，这种令人愉悦的回廊叫作“游廊”。现在都改成石材结构了，以前因为是木结构，更有轻盈明快之感。

游廊结束的地方是西半亭，从这里向西就通向补园，现在我们向东而行。

6 第四景区（香洲—小飞虹—倚玉轩）

香洲模仿画舫的形状，后半部是附带观景台的两层建筑。画舫通常被称作旱船、不系舟、石舫等，而在拙政园，文徵明从屈原的《楚辞》中选取香草，以“香洲”赞颂王献臣的品德。但是香洲是建筑前半部分的名称，后半部和二层则另有其名。只不过平时都叫香洲，也有人将二层称作澄观楼。文人庭园中的画舫，就是逃避俗世凡间、或者说隐逸的象征。而宫苑风格庭园中的石舟则意味着驶向海中仙山的航船。

以香洲为标志的第四景区，是静悄悄地潜藏于水湾岸边的虚幻世界，这种幻境是这样营造出来的：在水院的入口处，有名为小飞虹的廊桥，其两端与水院两岸的临水回廊相连形成一个环形。环廊将得真亭、松风亭、小沧浪、志清意远等很小的建筑串联在一起，形成水院的循环水廊（图6），这些建筑聚集在一起，就成为营造幻境的“梦工厂”。

我依然记得最初走在这座循环水廊时的强烈印象：我正走在陌生渔村的一条小路上。旁边排列的房屋一直延续，透过房屋的间隙，偶尔会瞥见泛着微光的海面。我心里一边想着早点到达小路的终点，一边又希

图6 绘有循环水廊附近景色的邮票

望能更加清晰地看到海。在这种期待与不安相互交织的气氛中，我就在这条小路上一直走啊走。

实际上，这里看见的海就是（前述）十字形水域的广阔水面，所谓从房屋间隙看见海的感觉，是因为总能透过小飞虹的栏杆看见那片水域。另外，之所以感到不安，是因为在循环水廊的四个地点都有出入口，到那儿之后不知该往左还是向右。

这种恍然如梦的心理现象是由循环水廊产生的，它连接起来的这组小建筑群，都是采用“贴水”手法建造的。这是一种戏水、亲水的形式。由于拙政园面积的五分之三都是水面，故所有的景观都因水而成。其中第四景区是由典型的渔村意象营造而成的景观。

穿过循环水廊行至倚玉轩，再来到东面的平台。那里就是曾经到过的远香堂前的平台。再次站在这个平台上，重新仰望漂浮在大池中的岛屿，就是第四景区的终景，也是全园的终景。但是，这也是第一景区的终景，所以从这里又可以进入第二景区开始新一轮的环游。如此一来，拙政园就能多次巡回游赏，直到心满意足为止。这样的构成被学者们称为“阳关三叠之趣”，是类似指王维送别诗《送元二使安西》中名句反复吟诵的一种表现方法。

7. 补园点彩

由于补园北部的水池附近曾是拙政园的延续，如今依然保留着当年的面貌。从见山楼向西，越过小山丘就到补园北部的水池，这一带的宁静气氛，让人觉得还是拙政园的延伸。这里想特别指出的是水池东岸蜿蜒起伏的波形水廊。水廊依水凌空，婉转曲折，高低起伏，隔岸远观则形态优美，漫步其中则妙趣横生。除了水廊，池中石塔的精确位置、对岸扇形亭的文雅风格等，精致的处理令人想不到是清代之物。

但是，从水池中部向南面走去，引人注目的建筑就多了起来，于是人们就会疑惑：“这里营造的山水到底是什么东西啊？”其实，补园本来就是这样一座以建筑为主的极端的庭园。这时，人们就会强烈地感受到，那些给山水造成威压之感的奢华建筑与刚才我们一路看过来的拙政园完全是不一样的东西。

补园的每一座建筑都有这样的特性，现在为简单起见，仅以补园中心的三十六鸳鸯馆为例来说明（图 7）。首先，这座建筑的大小与补园的规模极不相称，其南部的狭小中庭只能种植几棵山茶树，北边有很多鸳鸯在池中戏水，而建筑两边的暖阁已伸进水池中。

走进馆内，正中间有一扇透空雕刻的屏风，将内部一分为二。北侧是三十六鸳鸯馆，南侧叫十八曼陀罗花馆（曼陀罗花即山茶花）。这种南北二室的建造方式叫作“鸳鸯厅形式”。鸳鸯厅北侧的房间夏天使用，南侧的房间冬天使用，在 20 世纪 70 年代的说明中北侧供男宾使用，南侧供女宾使用。不论哪种说法，其烦琐考究的程度绝非拙政园远香堂等建筑所能相比。

再看建筑的天井，四组蛇腹式拱形天井制作精巧，令专家都叹为观止，

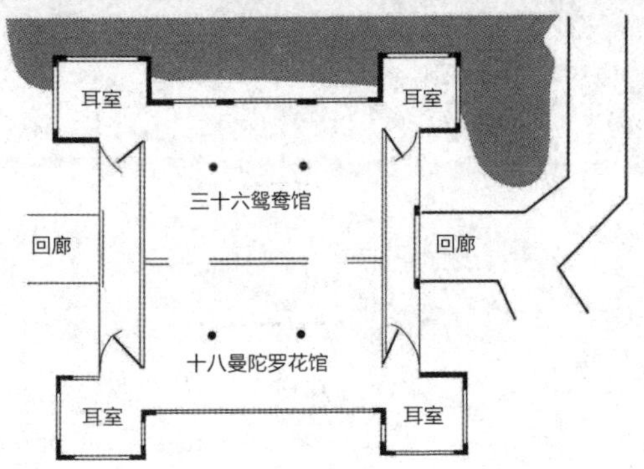

图 7　西部鸳鸯厅及其复杂的平面图（引自《苏州园林》）

这种做法似乎是为了增强音响效果。这座建筑应该是为宴客听曲而设。为了保证演出的效果，建筑的四角各有一个独特的小房间，这被专家们称为“暖阁”或“耳室”，本来是为了进出时防止寒气的侵入，在这里可以想象是宴会时仆人侍从的准备室，或者乐师和演员等的休息室。

欧洲风格的窗户是彩色玻璃组合成的蓝白相间的菱形格子图案。虽说的确很美，但是由于位置过高，用来观赏窗外的山水之景就非常不便。另外家具陈设的烦琐考究，室内装饰的豪华程度等，环顾四周无论看到什么，都会令人联想到往日暴发户园主的豪华盛宴。

将补园的鸳鸯厅和拙政园的远香堂做个比较，两座建筑都是庭园的中心，是游客遇到的最重要的建筑，却发现它们与游客相遇的方式竟迥然不同。这就涉及园主对庭园游赏是否有心得、对隐逸思想的修养和深浅，或者要到庭园的风格中去寻找答案。

第二章
苏州留园

一、留园的前身与神仙思想

1. 东园的修建

清代后期（1800 年前后），一位名叫刘恕的文人，在明代庭园遗址上发现了被遗弃的太湖名石极其完美，就买下那块土地，花费了二十三年修建庭园，种植了很多他喜爱的白皮松，并且命名为“寒碧山庄”。“寒碧”既是白皮松的雅称，也是刘恕的雅号。据说白皮松被称为“守护社稷之木”，刘恕遂以其高大挺拔耸入云端之姿，寓意重建汉民族国家的心愿。寒碧山庄经过清末的战乱最终得以保存下来，光绪二年（1876 年）传入实业家盛旭人、盛宣怀手中。盛宣怀因其原为刘氏所有，便以“刘”的读音改名为“留园”，又花了大约 10 年时间，将其经营为江南第一庭园。

经过这些营造过程的留园，在很长一段时间里都被认为是刘蓉峰创建于清代的庭园，但是陈从周教授在《说园》一书中说：“它（留园）的历史都知道原为明代徐泰时（冏清）的东园，清嘉庆间为刘恕（蓉峰）所得，以园中多白皮松，故名寒碧山庄。”又提出这样的见解：“拙政园、留园‘号称’宋元明清四大名园。留园与拙政园同建于明而同重修于清者，何分列于两代。此又令人不解者。”（参见陈从周《说园》之园史偶得及说园三）只是我不太了解详细的研究经过，因此对东园的情况也不太清楚。但是留园的前身到底是怎样的？喜欢刨根问底的我，就想试着以自己的想象来描绘一下其大致的轮廓。

最早营造东园的是明代官僚徐泰时，曾做过太仆寺少卿，故非常有钱。嘉靖年间后半段（16 世纪中叶），几乎与拙政园营建的同时，徐泰时也营造了一处庭园，因其所在地名为花步里而取名为“花步小筑”。到了万历年间（1573—1620 年），在其西侧又建一园而成一对庭园，花步小筑改称“东园”，新建的庭园则称“西园”。这个东园就是如今留园的前身。

有关东园的形貌，根据万历年间的记载，“宏丽轩举，前楼后厅，皆可醉客”（袁宏道《园亭记略》），可以想见东园与今天的留园一样，是以建筑物为主的壮丽庭园。

留园的大假山为叠山师周时臣所做。明代，许多遭遇贬官的文人成为职业造园家，或者成为比造园师技艺更加高超的叠山师。周时臣就是具有这种修养的造园家，徐泰时把与造园相关的一切都全权交给他去完成。

然而在当时的苏州，拙政园刚开始营建，王献臣那种逆潮流而动的造园风格已经成为街头巷尾议论的话题。因此，功成名就的徐泰时就萌生出“不能输给官场失败的王献臣”的竞争意识，委托造园时就一再叮嘱周时臣“必不能输与拙政园”。

但徐泰时还是没有沉得住气。王献臣被贬辞官后任性而为，招致了各方的厌弃和嘲讽，这些妨碍了拙政园的顺利完成。至今还流传着关于这些事的谣传。

拙政园园址的东半部有座大弘寺，由于一直没有清退搬迁，大大拖延了造园进度。王献臣对其采取了非常强硬的对策，当时有这样的谣传：“王御史不仅强令大弘寺的僧侣搬迁，而且命令部下剥下寺内佛像表面的金箔收集起来。因此王御史立刻遭到了佛的惩罚，全身患上严重的皮肤病，结果因此而丢了性命，于是人们送给他一个‘剥金王御史’的谥号。另外，有这一传言的流行和大弘寺一直没有搬迁都由徐泰时策划一说。

王献臣死后，其沉溺于酒色的儿子很快就把拙政园输掉了，关于此事的经过还有下面的说法：“有个叫徐少泉的男子，唆使王献臣的儿子去寻花问柳，将其灌醉之后互相打赌。起初徐少泉输了，最后决定以掷出红色点面的骰子来定胜负，并且押了很高的筹码。但徐少泉事先让妓女把骰子所有的面都涂上了红色，当然王献臣的儿子输，他拿不出那么多钱，于是拙政园一夜之间就被徐少泉抢走了。”

目前只能判断徐少泉是明末学者徐树丕的曾叔祖父。王世贞《古今名园墅编》序中有“徐鸿胪佳园，因王侍御拙政之旧”的记述。（作者据此推测，拙政园的所有者徐鸿胪（徐佳），应该是构筑东园西园的徐氏亲族。）因此，徐少泉通过打赌赢得的拙政园，就变成了徐泰时一族的财产。由此是否可以推测，让徐少泉去打赌也是徐泰时的计谋呢？

以上的两则谣传不过是王献臣不受欢迎的表现。只是在明代后期这种充满虚荣的造园竞争之中，拙政园那样真诚的造园意愿却不被理解，反而受到世人的嘲讽，故事背后的这种事实令人深思。

2. 东园的构思

如果把留园当作在东园的基础上修筑而成的，那么今天留园的大围墙长廊（图 8）就是东园或者花步小筑时期修建的。这条大围墙长廊将围墙和回廊连在一体，并将庭园整体分成东西两部分，东侧为建筑式的庭园，西侧为自然式的庭园。与此相对，拙政园布置了东西狭长的水池，其南岸为建筑式庭园，北岸是自然式的庭园，因此东园和拙政园在基本构思上是相同的。

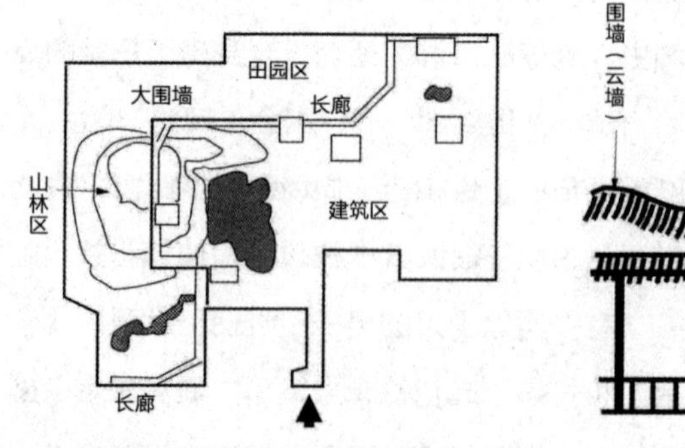

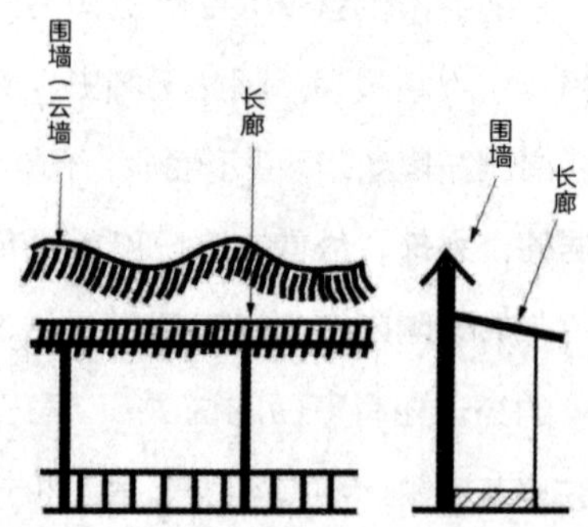

图 8 大围墙长廊的位置和形式

但是，拙政园建在苏州城内，是“闹中取静，不出城郭而获山林之趣”这一城市山林理想的现实体现；而东园本身就位于苏州城西的郊外，无法实现这个目的。因此周时臣精心考虑的结果，就是在庭园中间修筑一道大围墙长廊来代替城墙，将其东侧看作是城内，西侧看作是城外。

但问题是拙政园面积的五分之三都是水池，以苏州第一池庭而享誉天下。与此相对，东园只在中央有个很小的水池。某日徐泰时对周时臣说:“庭园建成后当然很气派，不过水院却比不过拙政园呢！”周时臣则回应说：“绝对不会啊！太傅您整个家族都是徐福的子孙啊，昔日渡海到海中仙山为秦始皇寻找长生不老的仙药。因此我理所应当以神仙岛（一池三山）的模式来修筑这座庭园了。根据传说，仙岛位于东海，那么整个东园就在海中了。如此说来，您还认为此园比不过拙政园的水院吗？”

这些对话是我的假想，但是东园（今留园）按照典型的一池三山模式修筑而成却是事实。下面就来说说此事。

3. 神仙岛模式的庭园

（1）神仙思想

中根金作先生在《名园的观赏方法》（保育社刊）一书中表达了这样的宗旨：“三宝院庭园、二条城的二之丸庭园、后乐园、栗林公园、桂离宫、修学院离宫等的造园模式，都是以从中国传来的神仙思想为根据的；另外，大仙院书院庭园等枯山水也模仿神仙岛，各地庭园中的鹤龟之岛、阴阳石、以松树为尊的习惯等，究其本源，都是神仙思想。”对日本庭园影响如此巨大的中国神仙思想，究竟是怎样的思想呢?

本来，神仙思想就是期望成为长生不老的仙人，说是思想，只不过是一种民间信仰。根据奥野信太郎先生的《中国文学十二讲》（NHK 刊，村松暎编），学者闻一多在《神仙考》中指出，如果追究神仙说的思想基础及其根源，乃来自西方羌人的灵魂不死观念。公元前 10 世纪前后，随着羌族从中国西北迁徙至山东（齐国），也将此观念向各地传播开来。一般认为它是以从事神仙方术的方士、道士等为中心，通过萨满信仰向中国各地广泛传播的。

六朝时代，神仙思想作为道教的教义逐渐固化，也逐渐被文人阶层接受，道教确立了与儒教、佛教并立的地位。神仙说本是方士方术产生的思想基础，而方士方术的出现，又促进了道家、道教的形成。道教如此流行的原因，是其能顺应时代的潮流，无论什么思想，只要符合自身的利益，都可以吸收利用。特别是将老庄学说当作自己的理论加以利用，在这一点上，很容易将道教与文人基于老庄学说的隐逸思想相混淆。

但是，在形而上学的世界里阐述永生的老庄思想，与凡世间追求长生不老愿望的道教思想，从根本上是不同的。文人们也深知这一点，并将道教或者神仙思想充分地加以利用。例如陶渊明所写的武陵桃花源的故事，就是以神仙思想之一的洞窟传说为依据创作的。

（2）神仙岛模式的根源

在人类社会中，能将所要之物都收入囊中的皇帝，最后希望的大概就是无限的生命了。公元前 2 世纪，第一个统一中国的秦始皇，命令方士出身的徐福去海中的仙山寻找长生不老的灵丹妙药。有一种流传很广的说法，徐福去的海中仙山就是日本，据说在我的故乡山梨县的富士山麓还有徐福的遗物，现在我们暂且认为他就是去往东方吧。至于那个地点究竟在山东半岛的北边还是南边，仙岛的数量是三座还是五座等，因典故出处不同略有差异，一般《史记·封禅书》《汉书》等文献中有关海中仙山的故事流传最广。如：

自威、宣、燕昭使人入海求蓬莱、方丈、瀛洲。此三神山者，其传在渤海中，去人不远；患且至，则船风引而去。盖尝有至者，诸仙人及不死之药皆在焉。其物禽兽皆白，而黄金银为宫阙。未至，望之如云；及到，三神山反居水下。临之，风辄引去，终莫能至云。

——（《史记·封禅书》）

（3）神仙岛模式的流行

据《史记·孝武本纪》："（汉武帝）于是做建章宫，度为千门万户。前殿度高未央。其东则凤阙，高二十余丈。其西则唐中，数十里虎圈。其北治大池，渐台高二十余丈，名曰泰液池，中有蓬莱、方丈、瀛洲、壶梁，像海中神山龟鱼之属。"在苑囿中最先营造神仙岛的皇帝是汉武帝。汉武帝信奉神仙思想，相信方士公孙卿之流"仙人好楼居"的说辞，一次次地修筑宏大的宫苑楼阁。其中在建章宫北部的太液池中，筑蓬莱、方丈、瀛洲、壶梁等，为最早的"海中仙山"。自此以后，历代皇帝为祈求长生不老和子孙繁荣，开始营造带有神仙岛的宫苑。但是到了后世，"仙山"并非一定是蓬莱、方丈、瀛洲三座仙岛，例如著名的北京颐和园昆明湖中，就变成了南湖岛、藻鉴堂、治镜阁。后来这也被称为"一池三山模式"。

民间私家庭园中的神仙岛模式与宫苑中的一池三山模式非常相似，但由于宋代以后庭园规模变小，有时仅以蓬莱一岛或方壶一岛的形式来象征海中三座仙山，甚至还有以一峰湖石来表现一岛的。因为湖石是从太湖湖底发掘出的形态奇特的石材，所以有了湖石就能够想象海中的仙山。

到了明代开始任由职业匠人来营造庭园，蕴含有长寿不老和家族繁荣意味的神仙岛模式受到所有人的喜爱，因此开始大量建造这种模式的庭园，并且加入了各种民间信仰的对象，出现了一些特别离奇的庭园。在这其中，留园应该说是比较纯粹的神仙岛模式的代表性庭园。

关于留园的神仙岛模式，将在下一节一边游览一边具体介绍，基本上是以涵碧山房、五峰仙馆、林泉耆硕之馆的三座建筑作为环游的中心线路，分别寓意蓬莱、方壶（方丈）、瀛洲；同时还暗示着："蓬莱"是进入仙境的入口，在"方壶"可以见识仙境的豪华程度，在"瀛洲"则领悟仙境的最高境界。

4. 桃花源模式的景观

（1）文人的仙游思想

六朝初期，魏的曹植、竹林七贤之一的嵇康，还有张华、张协等诗人都曾做过仙游诗，葛洪也写过道教神仙理论的书籍《抱朴子》，4 世纪前后的文人社会曾深深陷入过神仙思想的漩涡。

但是，与皇帝希望长生不老，将神仙思想作为一种信仰而无条件接受有所不同，文人阶层以其高深的修养和独特的游玩之心，把民间信仰的世界和高尚的思想精神世界自由地区分开来。他们脱离了道教的民间组织，就像"游仙"一词所象征的那样，逐渐形成了文人特有的道教思想。

就在这种风气达到极盛之时，陶渊明的《桃花源记》问世。他在这部作品中，从接近人间的田园迈出一步，到自然山水中追求理想的世界。

晋太元中，武陵人捕鱼为业。缘溪行，忘路之远近。忽逢桃花林，夹岸数百步，中无杂树，芳草鲜美，落英缤纷。渔人甚异之。复前行，欲穷其林。

林尽水源，便得一山，山有小口，仿佛若有光。便舍船，从口入。初极狭，才通人。复行数十步，豁然开朗。土地平旷，屋舍俨然，有良田，美池，桑竹之属。阡陌交通，鸡犬相闻。其中往来种作，男女衣著，悉如外人。黄发垂髫，并怡然自乐。

见渔人，乃大惊，问所从来，具答之。便要还家，为设酒杀鸡作食。村中闻有此人，咸来问讯。自云先世避秦时乱，率妻子邑人来此绝境，不复出焉，遂与外人间隔。问今是何世，乃不知有汉，无论魏晋。此人一一为具言所闻，皆叹惋。余人各复延至其家，皆出酒食。停数日，辞去。此中人语云：“不足为外人道也。”

既出，得其船，便扶向路，处处志之。及郡下，诣太守，说如此。太守即遣人随其往，寻向所志，遂迷，不复得路。

南阳刘子骥，高尚士也，闻之，欣然规往。未果，寻病终，后遂无问津者。

从文学和思想层面对《桃花源记》有过很多深入的研究，一般认为故事所描绘的山水风景是真实存在的，既充满浪漫，也有时代设定的现实性，寓意对现实社会的批判。同时，将老庄思想中的自然观自然而然地隐藏起来，将其变成与文人隐逸庭园的景观主题相关的观念。

这篇桃花源记的原型地，一般认为位于流经湖南省桃源县的沅水下游，因唐代的柳宗元曾到此游览而闻名于世。不过，最近位于湖南省青岩山麓的金鞭峡自称是其原型。这两处都想争当桃花源记的原型地，但实际上陶渊明都没去过这两个地方。桃花源的原型，恐怕是以中国各地的神仙思想为基础的秘境传说，与陶渊明梦想中的境界相结合的产物。不管怎么说，将桃花源纳入庭园造景时，都会有山洞入口、溪流、良好的视野，以及桃花林等景点的设置。

（2）庭园中的桃花源之景

取景于桃花源的庭园并不少，都是将其作为庭园景观的一部分。虽然也有将庭园整体做成桃花源的，但都被学者们视为“类同儿戏”而不被认可。这就是说，由于文人的造园是表现自己思想的创造性艺术，在设计庭园主景时就不能使用他人的想法，或者已有的主题，即便是陶渊明的思想也不行。因此桃花源之景，通常只作为辅助手段来提升庭园的意趣。

例如，拙政园第一景区最初的景观就是桃花源。这一处景色意味着王献臣的心境与陶渊明“久在樊笼里，复得返自然”的隐逸心境是相同的，是充满全园的隐逸思想的前奏。

从留园西部的山林园区通往涵碧山房方向设有洞门。这个洞门暗示着从大围墙长廊外侧的自然景观，向内侧的人工化山水庭园的连接转换。从一池三山模式来说，就是进入中部山水园区蓬莱仙境的洞门。所以这里没有拙政园那样的思想背景，只是单纯的神仙思想的表现，或者也许只是为了转换情境而做的技巧上的表现。

二、权贵之庭留园的环游

1. 华瞻之园

苏州的旅游路线里一定会有留园，因此无论何时去留园都是游客云集。在这种状况下，分开观赏、环游一周的确是件很不容易的事。更要注意的是，留园不能像拙政园那样慢慢地仔细观赏。留园的面积大约三万平方米，可以环游观赏之处众多，加之庭园构成复杂、景观密集等，类似的庭园很少，还没全部看完肯定就已经疲惫不堪了

这样的留园，在《说园》中被称为“华瞻之园”，查阅辞书发现“华瞻”是指文章的表现华丽、内容丰富，而且有华瞻是华丽丰瞻的缩略语之意。“丰瞻”是指财物充盈丰满，此处的“财物充盈丰满”，换句话说是不是指“思想性较少”呢？

这样的留园该如何游览呢？

回答很简单，挑选景点观赏。如果以餐食做比喻，拙政园的游赏好比围桌共食，客人按照上菜的顺序好好品尝即可。而留园则相当于自助餐，在餐桌上排列的众多美食当中，根据自己喜欢的口味挑着食用。就

像在自助餐中也有一系列规矩一样，在观赏留园时，也需要事先了解游览的顺序、景观的构成、主要的景点等很多知识。

从景观构成来说，留园有以下四个景区：大围墙内侧，中部山水园区（人工式的山水庭园）；大围墙内侧，东部建筑园区（以建筑为主的庭园）；大围墙外侧，北部田园园区（田园风格的庭园）；大围墙外侧，西部山林园区（自然山林风景庭园）。

园区是指一处处景点构成的一个庭园，这是为了形成复杂多样的庭园景观而精心设计的手法，它们是由一系列神仙岛模式的景观统一构建的，却并非像拙政园的三个庭园那样具有独立性。因此也有人称留园是由四个园区构成的复合式庭园。

由于大围墙外侧的两个园区还没有充分复原，也有人将田园园区和山林园区合并成一个自然景观园区来看。

以下各个景区的说明请参考卷末的留园总平面图。

2. 中部山水园区（图 9）

（1）庭园的入口部分

从大门开始的入口部分与拙政园一样，也是在住宅和祠堂之间蜿蜒曲折的狭长通道。通道有屋顶覆盖，因此比较幽暗，不时会有天井透进亮光，在天井的墙上会装饰古人的字画，或摆放一些盆景。

入口通道的幽暗处理，是进入庭园佳境之前的抑景，抑景讲究连续采用“藏—漏—露”的手法，留园所到之处大量使用了这一手法。入口部分的幽暗是藏，“古木交柯”的微明是漏，“绿荫”的透空花窗是露。

（2）古木交柯

沿着昏暗的通道前行，左边是一小块空地，迎面墙上并排着六扇漏窗，透过漏窗虽未见池水，但有粼粼波光反射进来。回过头看，阳光从天井

图 9 中部山水园区图

斑驳洒下。阳光映衬之下，古木和山石组合而成的主景就是“古木交柯”。

通道自此一分为二，现在我们向左转。

“古木交柯”左侧的小室为“绿荫”，面向庭园开有很大的空窗，每一个窗口都拓宽了庭园的景观。这就是露的手法。从这里到涵碧山房的凉台之间，池边的小路只有十几米长，却是一步一景，步移景易，使小径充满魅力，给初来留园的游人格外的惊喜。

（3）涵碧山房

听到涵碧山房，脑海中一定会浮现出一池碧水的神秘景象。水池的西侧和北侧是大型假山，东侧和南侧由大型建筑包围，所以水池就像沉在钵底的火山口湖一样。水池对岸漂浮着长生不老的仙岛“小蓬莱”，这是山水园区的主景。

涵碧山房与建在二层的明瑟楼形成一艘船的造型，旨在表现驶向海岛仙山的意趣，在日本的庭园中，水池旁边也经常有这种石舟。

假山是明代周时臣构筑的，又经过清代的修补。从凉台出发，无论哪个方向都可以横穿这组假山到达对岸。

（4）闻木樨香轩

从涵碧山房沿着大围墙长廊前行，就到达建在山顶的闻木樨香轩。这中间又有“藏—漏—露”的空间处理，最后视线豁然开朗。然而由于大围墙的阻挡无法看到西侧。向东望去，秋天丹桂飘香；俯瞰小蓬莱仙岛，自己仿佛变身为云端的仙人。

从闻木樨香轩向北经过大围墙长廊，在向东转弯之处、大假山内侧洒满阳光的角落里，长廊平白无故地转折了几次，变身成令人心旷神怡的游步道。

（5）远翠阁

再朝东走，围墙尽端与后面回廊的交界之处有座建筑，二层是远翠阁，一层是自在所。

二层的观景视野极佳，由于现在北侧的庭园尚未复原，只有南侧山水园区的悠闲景色保留了昔日的景象。学者称此景为“平远之景”，这是借用绘画技法中的平远之法，指自近山而望远山的效果。我对这处景象的印象是：在岩石环抱之中，逆光的池水闪烁着金银一般的光芒，波光粼粼的水池中央就是小蓬莱，它掩映在水面的波光和远处对岸的阴影之中，凉台和涵碧山房都仿佛融入一幅黑白水墨画，只有那细碎的波纹汇成的光芒，像生命一样跃动，天地万物都进入一个宁静而祥和的世界。

（6）清风池馆

从远翠阁来到水池东岸的建筑群，最先进入的就是清风池馆。清风池馆朝西的房间全部透空，靠着窗边倚栏（也称飞来椅或美人靠）而坐，环顾四周，眼前是小蓬莱；抬头仰望，对岸是闻木樨香轩，轩旁有溪水跌落。环视一周的景色，就会产生一种幻想：从溪谷开始，缓缓流淌跌落的溪水充满整个水池，滋润着小蓬莱岛，小岛获得永远的生命活力而成为神仙之岛。正是这种幻觉为该园区的景色赋予了勃勃生机。

（7）曲溪楼

从清风池馆出来，穿过西楼就来到曲溪楼。曲溪楼是南北细长的建筑，面对水池的墙上，漏窗和门洞一字排开，每一个洞口都成为园景的画框，犹如来到山水画的展廊。从室内来到岸边有座濠濮亭，从那里可以通向小蓬莱。

曲溪楼的优点，是可以一边观赏山水画般的对岸景色，一边沉浸在幻想的世界中，如置身世外。特别是在曲溪楼的南端，对岸船形的涵碧山房掩映在树影之间，树影随着季节变换颜色，每次到访都留下全新的印象。介绍手册中说，此景“老树浓荫，楼台掩映，衬托出山池之美，宛如绘画般宏伟而精致，技巧娴熟而风格典雅，可谓恰到好处”，此景堪称中部山水园区的精华所在。

3. 东部建筑园区

（1）曲溪楼

过去，被招待来留园的客人是从古木交柯向右走，经过曲溪楼再通往留园的主要厅堂五峰仙馆。这条路线再向东延长，就成为东部建筑园区的游览路线。这一路线中所见的曲溪楼之景是山水园区的结束景观，现在却成为建筑园区最开始的主景，统领之后的景点，意味着从人间尘世进入小蓬莱，开始仙境之旅。

（2）西楼

西楼与曲溪楼相连，意思是位于五峰仙馆西边的楼阁，属于建筑园区。从曲溪楼通往西楼之处形成一个拐角，从拐角向前看去，五峰仙馆的中庭突然出现在窗户中间，这就是马上要访问的五峰仙馆的序景或侧影。

（3）五峰仙馆

五峰仙馆是留园的主客厅，因使用楠木建造故统称“楠木厅”。楠木在中国是较多见的木材，与出产樟脑的“樟树”是不同的树种。

五峰仙馆位于全园的中央，具有四通八达之便利，客人去哪里都很方便，无论身在何处，只要顺着大围墙长廊，就能回到五峰仙馆而不会迷路。另外，还设有主人通往住宅的通道，通道连接另一个庭院，内有供表演的舞台。如今这里建起一角亭子变成了一处花园。

五峰仙馆的建筑采用南北二室鸳鸯厅式的奢华构造，从墙壁到栏杆，再到门扉的表面都布满了绘画和雕刻。介绍手册虽称其是“少有的清新雅致的建筑”，但我却只看到了豪华奢侈。

五峰仙馆南面的内院是全部被建筑包围的封闭空间，其中有几座巨大的假山石峰模仿五仙山的主题，这就是五峰仙馆名称的由来。在中国神仙岛模式的内院中，一般设置岱舆、员峤、方壶、瀛洲、蓬莱五座仙山。日本龙安寺枯山水石庭中的五组置石，在中国人看来就应该是五座仙山。

北侧的内院就像被崖地围合的封闭空间，仿佛听到崖壁上回廊中巡夜人的脚步声。这处庭园的一角有一处很小的泉池，旁边是龟石，令人想起日本庭园经常设置的阴阳石。

那些在小蓬莱进入仙境的客人，来到五峰仙馆就开始了仙境内部的参观之旅，最后通向林泉耆硕之馆。

（4）石林小院（图 10）

到达林泉耆硕之馆前，有一处南北狭长的区域，带有几处内院的建筑，统称为“石林小院”。

石林小院的北部分别有“佳晴喜雨快雪亭”和“还我读书处”两组院落。揖峰轩以南，石林小院像迷宫一样组合在一起，形成充满魅力的空间组群。

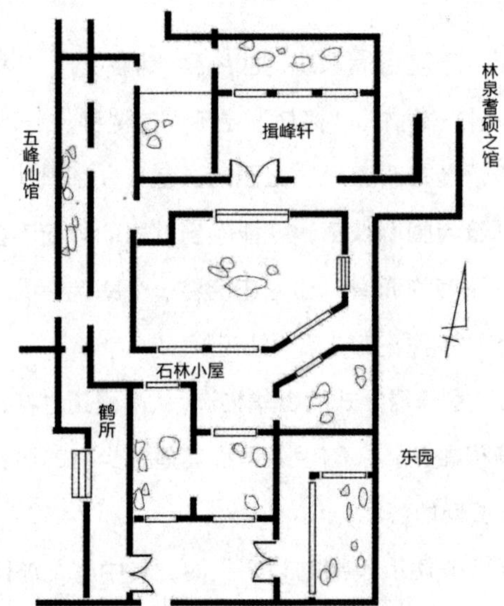

图10 石林小院及周边概念图

一般文人造园时，为了使庭园看起来更加幽深而富于变化，会使用回廊或隔墙，将庭园分成一个个趣味各异的小庭院。这种技法集中使用在极其狭小的场所时可以使游人产生一种进入迷宫的心理幻觉。

如果不到实地体验，是无法理解这种空间组织方式的，如果可以解释的话——当人从隔墙上的许多门洞中间穿来穿去时，可以连续看穿前面的两进小院，但是随着脚步的移动，这些小院的组合却发生了变化。又因为各个小院中点缀有石峰、翠竹、芭蕉等景物，就形成了丰富多彩的景物变化，如同看万花筒一样。

介绍手册将石林小院这种万花筒现象，解释为“应用虚实相生原理的游赏空间”。从这些洞门透出的无数院落空间的幻影，谁都很容易看出类似万花筒的现象，这的确可以称为“虚实相生的游赏空间”。这种“游赏”也成为下面三云峰庭院中虚实相生的预演。

（5）三云峰庭院

走出石林小院，沿着建筑之间的昏暗小道向北前行，突然就来到林泉耆硕之馆面前。这座建筑也是南北二室的鸳鸯厅结构，北侧房间名为“奇石寿太古之馆”，南侧房间名为“林泉耆硕之馆”。一般说到留园的鸳鸯厅就是指它，其内部真是典雅至极（图 11）。

它的北面是留园最引以为傲的庭院，其中耸立着冠云峰、岫云峰、瑞云峰三座太湖石名峰。高度 5 米以上的主峰冠云峰位于鸳鸯厅的正面（图 12、13）。冠云峰西面是岫云峰，东面是瑞云峰，它们的背景是两层的冠云楼，这座冠云楼别名叫“仙苑停云”，意味着此庭是云中的仙宫。

看到这座云中仙宫，那些笃信俗世信仰的人会喜极而泣，而那些具有文化修养的文人则会触景生情，在幻想的世界里遨游。每个人的情趣都各不相同，其潜在的作用机制就是由湖石产生的虚实相生。

图 11　典雅的林泉耆硕之馆内部

图 12 留园引以为傲的冠云峰

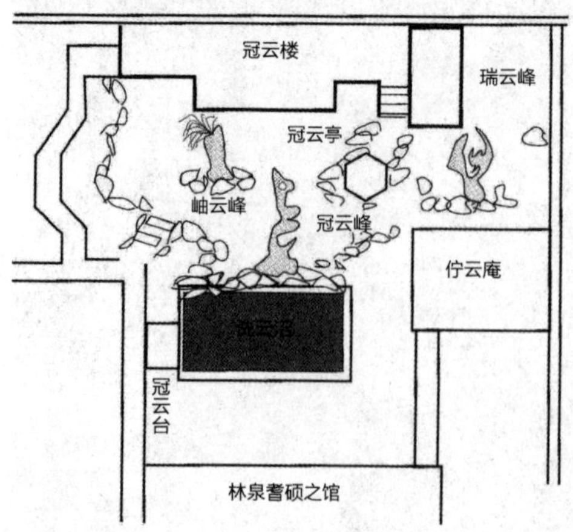

图 13 三云峰庭院的平面图

云之所以成为海上三神山的象征，我想是因为民间传说三神山所在的海域会发出灿烂的光芒，宛如云霞一般，这种海面的光芒称为瑞云，因此有了瑞云峰之名。而岫云峰的“岫云”也是从山洞中升腾出的云雾之意。另外，云雾具有某种奇妙的心理效果，会让风景看起来更加生机盎然，文人的山水画中也通过留出空白象征云雾来描绘那些不可思议的“神韵”。

这种神韵也存在于太湖石自身。湖石带有无数的缝隙、皱褶、纹理和孔洞之类的凹凸。据说全神贯注地凝视这些凹凸，就会产生云雾升腾而出的幻觉，究其原因，就像翻口袋一样，那一个个孔洞里面，隐藏着无限展开的宇宙空间。明末清初的画家八大山人所画的湖石图（图14），就把湖石描绘成吹起来的纸气球一样。我想大概是八大山人发现了湖石中的空间跟宇宙的相关之处，并把它当成自己舒适的栖居场所。

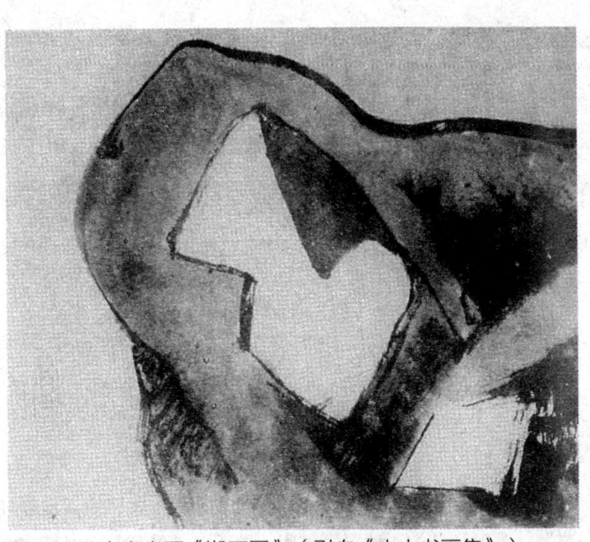

图14 八大山人画《湖石图》（引自《山人书画集》）

这种思考方式与神仙思想中的洞窟思想息息相通。洞窟思想认为，全国各地名山的洞窟都是相互连通的另一个世界，是被派到人间的神仙居住的地方。从文人的角度来看，就像刚才从石林小院墙壁上的孔洞，发现了虚构的万花筒现象一样，从湖石表面那无数的孔洞凹凸中，也可以发现虚构的神秘仙境。于是，这些湖石就成了留园最神奇的幻境。

留园建筑园区的整条路线，实际上就是为了体验这个“云中仙宫”。到达如此境界的文人们，将他们的心境书写在冠云楼的墙上。但如今只有“仙苑停云”的匾额为证了。

4. 北部与西部的自然景观区

（1）北部田园园区

大围墙及其东面连续的长廊北侧是田园园区，目前还未修复成庭园的形态。从远翠阁向北笔直延伸出去的围墙，将田园园区分成东、西两部分。

从远翠阁到冠云楼，以长廊为界，将东半部的南端与建筑园区分隔开来。现在这里只有植物。被破坏之前的平面布置如图 15 所示，有南北两组建筑群，北段的建筑群是“少风波处便为家”，南段的建筑群名为“花好月圆人寿”。这些建筑可以想象成被自然包围的田园村落风景，大概是从华丽绚烂的三云峰庭院向朴素纯真的山林园区移动的过程中，作为缓冲地带而做的设计吧。

这部分的西侧有个写有“又一村”[1]的洞门，并向西延伸出一条藤架廊，

---

1 “又一村”出自南宋陆游（1125—1210 年）《游山西村》中“山重水复疑无路，柳暗花明又一村”。那时的陆游正值罢官赋闲，由于意外受到深山村落农家的盛情款待而触发灵感写成此诗。“又一村”一词不仅隐含对山中景物的描写，更兼有庭园中景色的深奥情趣，在留园中都得到了充分的体现。

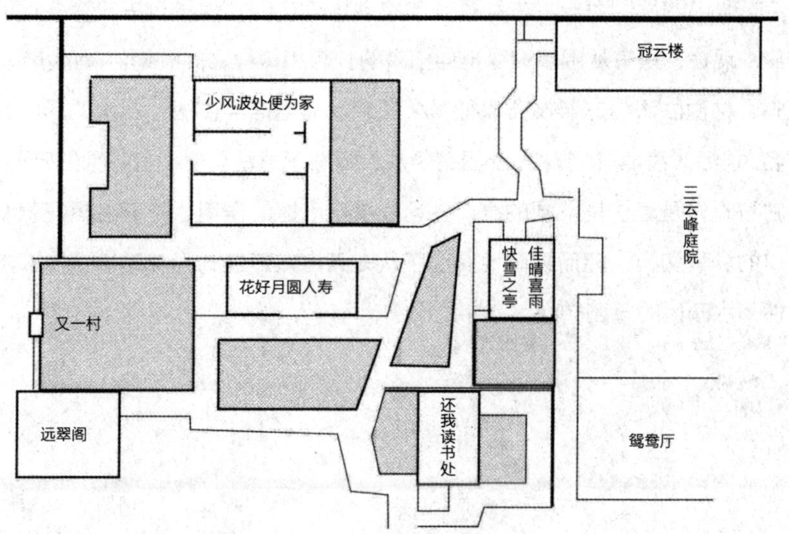

图 15　被破坏前的田园园区想象图（引自《江南园林志》）

两侧是盆景园。沿着藤架廊再往前行就到了西部的山林园区。

（2）西部山林园区

“乐园”一词原本是指围起来的安全区域，大围墙长廊内侧的山水园区和建筑园区，应该可以称为乐园吧。与这种乐园形成鲜明对照的，只有围墙外侧的西部区域，那里覆盖着自然的广袤山林。

这处风景的核心是西部山林园区的大型假山。它横穿大围墙长廊，与中部山水园区的假山连为一体。在中部，为了与建筑群相协调，假山以湖石堆筑而成；在西部，则因靠近自然山林而堆土为山，山上枫林茂密。

二战前，山中曾有三座亭子，现在重建了其中的两座。以前从亭子附近能够远眺郊外的虎丘，如今只有在空气清澈时才能看见。但是，在山顶附近的树林中小憩，可以一边欣赏大围墙的雄姿，一边暂时缓解环游之后的疲惫。

假山的南侧有一片未经整理的空地格外广阔，大概过去曾有各种设施。现在，只有从围墙边缘延伸出来的长廊和树林之间蜿蜒流淌的小溪。有一种说法认为这条溪流象征着桃花源。根据这种说法，溪流的尽端有名为“活泼泼地”的堂榭，那里有条从大围墙下通往涵碧山房内部的暗道，它被看作是通往桃花源的洞口。这处景观承担的作用，是通过桃花源洞口的场景切换，轻而易举地实现了从充满自然野趣的山林园区，向人工性山水园区的急剧转换。

第三章
苏州网师园

一、网师园的宅与园

1. 网师园的住宅

网师园也被当作园主人的宅居而成为弥足珍贵的庭园。战争后的中国，各地住宅紧张成为常态化的问题，因此，即使庭园能作为文化遗产被修复并向公众开放，却几乎都不包括庭园的住宅部分。

网师园的住宅大门在南面，一度为了方便游客将其关闭，只能从北面的后门进入，现在已经恢复了从南面的正门入口。我们说明的顺序从南面的大门开始（以下参照卷末的网师园平面图）。

（1）住宅的概要

由于网师园的正门修建于运河交通的时代，清代钱大昕的《网师园记》形容昔日的环境是“半村半郭”，如今运河交通早已衰落，只有昔日的遗迹残留下来。网师园的正门就保留着从前的风景。门前有照壁围合成的方形广场，广场内左右各植树木，墙上可以看出过去拴马的痕迹。这样的大门格局，是科举考试及第后的官僚阶层专属的宅邸大门样式。

进入大门之后，两侧各有建筑，正面气派的建筑是名叫“清能早达”的前厅，是主人日常接待和处理事务的场所。

前厅后面附带内院的大厅名为“积善堂”（今万卷堂），大厅前的两株大树如卫兵分列两侧，建筑虽只有一层却威风凛凛。该建筑是正式接待来宾的大厅。

万卷堂的北侧为“撷秀楼”，是座带有内院的两层内厅。内厅用于日常起居，备有许多房间，还有通向住宅各处的回廊。

内厅的北侧是附属建筑，大部分曾是厨房、仆人的房间或操作间等。这些建筑的西侧相隔不远建有“五峰书屋”，至今尚存。

以上就是所谓住宅区域的部分，三座主要建筑中间穿插着内院，从其整齐有序的排列，可以想象出受儒学熏陶的官员生活的真实面貌。这是高级官员才可以允许使用的住宅格局。但是，这家的主人不仅并非身居高位的官员，而且宅园还是作为隐居场所修建的，因此与一般现任官僚的宅第相比，其风格是相当简单朴素的。

（2）园门的形式

网师园的园门，位于前厅和大厅之间的内院西侧墙上，毫不引人注目。门框上面有隶书镌刻的“网师小筑”四字，总算让人意识到“这就是园门”了。

但是，在拙政园、留园等一般庭园的园门与住宅的大门分开设置，而且面朝街道才是普通的惯例。这与日本的茶庭是出于同样的理由，即文人希望把庭园这种精神生活的场所，与住宅这种日常生活场所分离开来，而且在过去，著名的庭园均有一年中择日向公众开放的习俗，因此为便于开放而单独修建园门。即使这种习俗已经消失，为了展示庭园的格局，还是延续着这一做法。

那么网师园为何无视这一做法呢？

我想理由大概是出于谦虚的考虑，网师园并非向世人炫耀的庭园，而只是一处隐居的小园，在园内与雅趣相投的朋友一起游赏觞咏。而且还有个技术层面的问题，如果面向街道设置园门，就会因为庭园面积狭小，而无法充分地设置引导路线。不管出于何种理由，总之就形成了今天的样式。

2. 网师园的庭院

我第一次到访网师园时是从北门入园，穿过集虚斋和五峰书屋到达一处优雅的茶馆。如今，茶馆被移到东侧，从五峰书屋到后门之间被清理干净，将其纳入庭园范围并改造成通向庭园的通道。但是，这次改修工程却遭到非议。

很久以前，就有学者对网师园以后门、北门做入口和拙政园新设的东大门进行批判，这次改修又从北门铺设了入口通道，这就彻底否定了从南面大门进入的正规路线。

那么到底该如何做呢？集虚斋尚可作为庭园的一部分，但五峰书屋曾是纪念万卷堂的书斋，是住宅的别院。要想理解这一主张，需要先了解网师园的历史。

（1）网师园简史

南宋初期有位名叫史正志的官员，在此地建起了名为“万卷堂”的府邸。北宋末年徽宗皇帝为了从江南运送造园的材料，组建起了称为花石纲的船队，据说史正志是船队的首领，不仅拥有巨额财富，而且通晓造园之道。万卷堂作为无与伦比的建筑，获得了世人很高的评价。他退官之后将万卷堂作为私宅居住，并在其西侧新建了名为“渔隐”的庭园。

乾隆三十年（1765 年），相传建有万卷堂的土地被名叫宋宗元的文人购得，开始在此建造网师园。网师园的名称汲取了渔隐的意义。

三十年后，瞿远村看到宋氏网师园的废墟，决心恢复网师园，就重新修建了瞿氏网师园。根据《网师园记》，这座庭园的面貌趣旨大体就是今天网师园的原型。

其后庭园几易其主，其间亦有苏东邻等人将庭园改名为逸园等事，最后还是恢复网师园之名直到中华人民共和国成立，1958 年修整之后开放。

从以上的历史来看，五峰书屋是纪念万卷堂的书斋，并不属于渔隐庭园体系，下面就遵循这种说法来介绍说明。

（2）庭院

五峰书屋在建造时，偏离了住宅建筑的中轴线，这种处理是为了不让整齐严肃的住宅影响到书斋。而且，以前的五峰书屋从中间分为南北二室，有楼梯通往二层的书库。

有一年岁末，我到访网师园，从内厅相连的短廊进入五峰书屋，内庭入口附近盛开的蜡梅正香气袭人。紧挨着蜡梅排列着象征五座仙山的湖石群峰，当时脑海中只有冬日的阳光异常耀眼。进入房间后，向北侧的窗户看去，有一个横向狭长的内院，里面种满了枝繁叶茂的树木，一丈多高的茶花直达二层的漏窗，枝头绽放的一两朵红花，给我留下了深刻的印象。像这样附属于住宅的观赏用的内庭就称作“庭院”。

庭院，把中庭式住宅的内院从多功能的用途中解放出来，使其回归庭的观赏本位。说到它与园林（同庭园），究竟有何不同？庭院是住宅建筑附带的内院，所以是附属于建筑的庭院；园林，则独立于住宅之外，园林中的建筑是为观赏山水而建造的，是从属于园林的建筑。另外，园林之景供巡回游赏，而庭院之景则是从室内或平台观赏，不可环游。不过，像留园五峰仙馆的内院那样，位于园林之中的内庭已经成为留园整体景观构成的一部分，因此是内庭园而不称其为庭院。

园林与庭院虽然具有这些区别，但是庭院的本意就是想在住宅中营造园林，尽可能向园林靠近。因此，当接近园林的庭院嵌入住宅内部，二者无法截然分开时，就被称为“庭园住宅”。但是在中国没有“住宅庭园”。究其原因，在中国有一个造园的基本原则，即庭园是非日常的世界，所以庭园一旦被住宅化就不再是庭园。

在日本，民居中的坪庭也被认为是庭园，被称为“座观式庭园”或“额缘式庭园”。以中国的观点来看，住宅附带的庭园只是庭院。但是其中也有能够环游的庭园，在这种情况下就很难称其为庭院，可以勉强叫作“庭园住宅”。这可能是由于日本人一般没有将住宅与庭园严格区分开来的思维习惯。

3. 庭园的动观与静观

日本人有坐在榻榻米上欣赏庭园的习惯。对日本人来说，网师园是容易理解的，是因为网师园对静观的重视超过动观。

拙政园是专门以动观的方式来欣赏的庭园。即便有时停下来静观四周，也是为了强化动观的效果。但是，如果以这种方式去游览网师园，只需几十分钟就看完了。因此，网师园做了如下的处理：为了在静观时尽可能让时间停止，网师园对静观之处的建筑和山水做了精心设计，使人们能够充分欣赏其丰富的变化和微妙的差异。并且，依次设置很多静观地点。只有从一个静观点向下一处地点移动的过程中，才会处在动观的状态。可见，在网师园的营造中，静观比动观更加重要。

我还第一次看到这样的庭园。中国古典庭园中有三种庭园观赏方法，陈从周教授的《说园》对此是这样论述的：

园有静观、动观之分，这一点我们在造园之先，首要考虑。何谓静观，就是园中予游者多驻足的观赏点；动观就是要有较长的游览线。二者说来——

1）小园应以静观为主，动观为辅。

2）庭院专主静现。

3）大园则以动观为主，静观为辅。

前者如苏州网师园，后者则苏州拙政园差可似之。

从这层意义出发，《说园》称拙政园是“动观之园”，而称网师园为“静观之园”。此前，我们了解了大型庭园拙政园和五峰书屋的庭院案例。下面再看一下小型庭园网师园的案例，三种类型的庭园就一应俱全了。

4. 小园的世界

小庭园自有小庭园的营造方法，同时，小庭园也有其独特的社会地位。用一句话概括，小园体现着小市民的性格，但是园中寄托的理想却并不小。他们在小园中宣示给世人的，是不输于大型庭园的传统理想，这就是“壶中天地”。

在辞书中查“壶中天地”一词，可知“壶中天地”也称“壶天”，《后汉书》中有如下的传说：“（东汉时）费长房，汝南人，曾为市椽。有老翁卖药于市，悬一壶于肆头，及市罢辄跳入壶中。市人莫之见，唯长房于楼上睹之，异焉。因往再拜，翁曰：‘子明日更来。’长房旦日果往，翁乃与俱入壶中。但见玉堂广丽，旨酒甘肴，盈衍其中。”

仔细想想，这仿佛就是洞窟思想的寓言，寓意“被派到人间的神仙居住的地方”，而且也是歌颂文人中隐思想[1]的虚构故事。无论哪一种，古代的文人都可以在这个“壶中天地”里打造出自己心中的理想世界。

例如陶渊明的《桃花源记》，简直就是壶中天地那样的仙境。现实生活中，他在位于庐山脚下的自家庭园中，体会到了隐居田园的妙趣。其庭园极为普通，三径就荒，松菊犹存，他却能采菊东篱下，悠然见南山，此园可谓是达到了“真”的境界。

唐代诗人白居易（772—846 年）贬官至九江时，因仰慕陶渊明的这种心境而在庐山修筑草堂。这是一座三间围成“冂”形的简朴草堂（图 16）。只有在原始状态的大自然中，营构小筑并在其中享受自然天趣才是文人庭园的原点。《草堂记》中记载“广袤丰杀，一称心力……堂中设木榻四，素屏二，漆琴一张，儒、道、佛书各三两卷……终老于斯，以成就我平生之志”。草堂虽然简朴，周围的景色却秀丽多姿。受到这般风景的触动，白居易在草堂的墙壁上题写了“遗爱寺钟欹枕听，香炉

---

1 中国文人以具备隐者品德的官僚作为理想。也就是说，他们的志向是兼备官僚的权力思想和隐士的隐逸思想。白居易曾这样揶揄这种一剑双刃的两难境地：“大隐住朝市，小隐入丘樊。丘樊太冷落，朝市太嚣喧。不如作中隐，隐在留司官。似出复似处，非忙亦非闲。不劳心与力，又免饥与寒。”这种刚柔之间、执两用中的生存方式称作“中隐思想”，曾经在喜好风流潇洒的文人之间广为流行。

图 16 陆俨少画《庐山草堂图》局部（引自《陆俨少画集》）

峰雪拨帘看”的诗句。日本平安时代女诗人清少纳言非常喜爱此诗并常常吟诵。

北宋司马光（1019—1086 年）的独乐园，是在人生不遇之际逃到洛阳编写《资治通鉴》时居住的庭园。当时洛阳的著名庭园，有每年一次向市民开放的习俗。据说到了那天，洛阳市民都聚集到独乐园，而其他庭园却门可罗雀。由此可见独乐园曾是何等优美的庭园，但其实并非如此，李格非在《洛阳名园记》中做出了如下的批评："园卑小不可与他园班……又特结竹杪落蕃蔓草为之尔。温公自为之序诸亭台诗、颇行于世。所以为人欣慕者，不在于园耳。"

以上列举的几个先人营造小庭园的例子，正如世人所说的"乱世必出忠臣孝子以为范"，这种理想化的庭园之所以能够不断流传下来，得益于与理想相距甚远的小庭园的流行。

从唐代的别墅庄园型庭园到宋代的城市山林，再到造园的普及和小型庭园的大量增加，或许有其历史的必然性。在城市山林的造园过程中，创造出"小中见大"的观念。这个词本来是"小庭园中也蕴含大理想"的意思；庭园越小，山水之景的营造就越要煞费苦心，要求有更高的技巧性，因此这个词的含义就变成了"小庭园中蕴藏着大技巧"。

这种以技巧为本位的造园，其最终的结果可想而知。无论技巧多么高超，到头来都变成庭院式的盆景，具有独创性的庭园注定不会出现。随着各种造园立意的层出不穷，各种争奇斗艳的风格愈演愈烈，对小庭园的称谓也从"城市山林"变成了"咫尺山林"。这种情况下，文人为何没有阻止这种趋势呢？

最令人疑惑的是，清代的官僚体制自身已经开始衰落，地主和商人阶层开始取而代之成为庭园的主人，在这种形势下，阻止城市山林的颓势和畸形化已经变得毫无意义。然而在这种趋势中造园也有例外，比如网师园。

二、壶中天地网师园的环游

1. 庭园的构成

《说园》称网师园为静观之园，下面，我们就来看看网师园的游赏方式。首先请看卷末的网师园平面图。网师园的面积包括住宅在内约有六千平方米，庭园大约占到一半，这仅是留园面积的十分之一。若从集虚斋的二层向下俯瞰全园，各种形状和色彩的小建筑，就像寿司便当一样排得满满当当。但不可思议的是，走在庭园之中，却完全没有拥挤的感觉。这是由于在庭园构成上做了特别的精心处理。

网师园的布局是简单的“目”字。中央的四方形全部是水池，南岸为绿树和假山，北岸是建筑群。这种构成不仅单纯而且清晰明快。庭园中心的景观不是假山而是水池，即使庭园很小，看起来也非常明亮宽敞。园中有很多精彩的场景，极具魅力，在观赏时不知不觉就把人引入幻想的世界。这种幻想被中国文人称为“幻境”。即使不考虑这些幻境，也可以充分享受庭园中的乐趣。

现在，我们从庭园东南部的园门进入，从水池的南岸沿池边行走，再由东至西观赏北岸建筑的内部。在途中的静观点稍作停留，继续游览……

2. 水池南岸之景

（1）园门

推开前厅西侧的园门，立刻有小溪横穿过脚下；踱步向前，回廊延伸于树丛中间，来客会把住宅的严肃气氛抛在身后，朝着静谧的山林不断前行。

右侧狭窄的溪涧旁边，有块立石上刻“待潮”二字，暗示着庭园深处的大池之水与海洋相通，就像涨潮时航船也随之驶来，寓意欢迎贵客嘉宾的到来。

（2）小山丛桂轩

回廊一进入浓密的树丛，就到达小山丛桂轩。这里的环境让人觉得来到了树木丛生的山顶，轩的南面桂树茂盛，在幽暗的树荫里，数峰白色的湖石散落其中，就像前面案例分析的一样，这是仙境的象征。

建筑是开敞的四面厅构造，沿着建筑周围的回廊步行，偶尔透过树荫的缝隙露出水池的点点波光，从建筑内部可以看见窗上映出优美的丛丛竹影，感觉宛如身在清雅的画中。

从建筑向西延伸的回廊叫“樵风径”，曲曲折折地沿山而下，之后分成两条路线。向右是水池，向左是蹈和馆。

（3）蹈和馆

蹈和馆是网师园的中心，与其他庭园不同的是，它位于假山和建筑的阴影之中。它与留园的五峰仙馆一样，特意选择了封闭的空间形式。这里是游园时的大本营，用于提供宴席、酒食，或者夜晚赏月时的小睡等，可以理解为家庭团聚的建筑。一旦走出这座中心建筑，再看到眼前展现出来的庭园景色时，才能体会到一种特别的解放感。

这座建筑由三间相连组成，内侧供弹奏琴曲的空间，窗户的格子做成渔网的纹样，应该是象征网师园吧。

3. 水池四周之景

（1）濯缨水阁

沿樵风径走到尽头，转过一个狭窄的建筑拐角就是濯缨水阁的平台，突然之间，水池的全貌展现在眼前。从园门到这里经过幽暗的山路，穿过以为是设计失误的建筑缝隙，然后不经意间看到突然展开的大池景观，令人想起钻过洞门之后看到的桃花源，在这里就堪比壶中的天地。

濯缨水阁的名称，取自古代民歌沧浪诗（将在第四章中解说）的语句，意味着身处顺境时的隐居，非常符合网师园池庭的意境。

大池的周围，东西南北都有用于静观的建筑，如图 17 所示，东西和南北分别相对布置，由于建筑的形状、与水池之间的位置关系都存在变化，所以水池周边的景观丰富多样，绕着水池转几圈也不会厌烦。

南岸的静观点是濯缨水阁，站在平台上看向对岸的树丛，老树映在

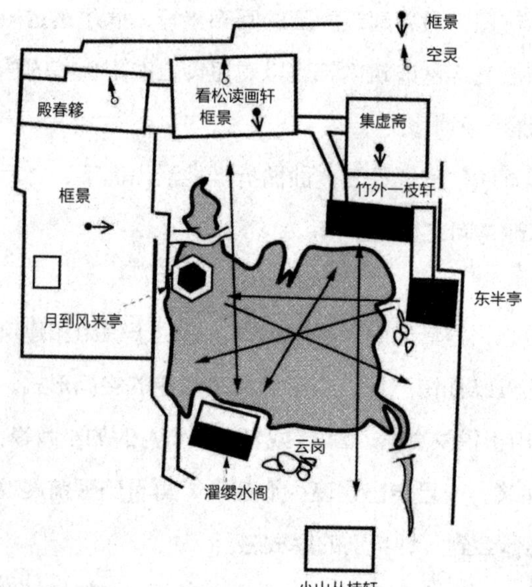

图 17　水池周围的静观地点之间的相互关系

水中的倒影一直延伸到脚下。树木的后面透出建筑的窗户，此刻真想尽快去对岸随心遨游。水池的斜对面是竹外一枝轩，与临池嬉戏的水榭濯缨水阁相对，竹外一枝轩是从上向下俯瞰水池的回廊。

（2）月到风来亭

水池西岸是一整面墙壁，只能穿过水廊到达北岸。月到风来亭坐落在水池中突出的岩石上。也就是说，该亭采用贴水的形态来表现“与池水相戏”（的情趣），“绕池一周，有槛前细数游鱼，有亭中待月迎风，而轩外花影移墙，峰峦当窗，宛然如画，静中生趣”（引自《说园》），这才是此亭的游赏方式。

特别是中秋之夜的明月更加美不胜收。对岸住宅大厅与内厅的屋顶相连，形成两重山形的轮廓（图 18），明月在山墙上的夜空升起，形成遥望明月映连山的幻境。皓月之影倒映水中，月光随波影摇曳闪烁的风情，是这座庭园最为美妙的画面，因此是庭园的主景。即使在白天，粉白的墙

图 18 水池东岸的景色

壁映入水池，岸边的假山和树木成为前景，就像一幅春霭缥缈、烟雨朦胧的泼墨山水画。究竟能想象出怎样的幻境，就看你的感知能力了。

月到风来亭的正对面是东半亭，虽然两亭在东西方向呈一条直线，然而一边是浮在水上的六角亭，一边是筑于岸边高处的方亭，彼此变化，各不相同。而且，两座亭子都在水池偏北的位置，在其南部的开阔区域布置着重要的景观，从两边的亭子均可眺望对岸之景，这些大概都是经过计算而精心设计的吧。

（3）潭西渔隐

月到风来亭北面紧邻的潭西渔隐，是一眼被树荫覆盖的小泉，它不仅是大池的水源，也意味着宋氏渔隐作为网师园渊源的历史。跨过清泉和水池之间贴水架设的曲桥，可以游览刚才从濯缨水阁平台远望的老树茂密的北岸。

（4）竹外一枝轩

竹外一枝轩是围绕集虚斋南侧的一段轩廊，集虚斋与轩廊中间有个小院，院里种植翠竹，故称竹外一枝轩。从此轩远眺南岸之景，与从濯缨水阁看向北岸的景观构图一样，右侧是建筑，左侧是山水，然而建筑与水的关系却又不同，山水则南岸有假山和茂林，北岸是清泉与古树，山水的风趣发生着变化。

越过池水向对面望去，透过水面的反光，被绿树包围的小山丛桂轩立刻映入眼帘，刚才曾走过那里。其右侧是黄石叠成的假山，与濯缨水阁并排伫立。

（5）东半亭

从竹外一枝轩向东来到东半亭，中间的回廊叫射鸭廊，也有人将回廊和东半亭合称射鸭廊。东半亭的特征是稍微远离水边，从高处向下俯瞰水池。从东半亭向对岸望去，西岸曲折蜿蜒的回廊内侧似乎还有水池，这是个骗人的花招。原来，西岸的水廊像桥一样架空在水上，月到风来亭的后墙中央又装了一面大镜子反射水池的景物，让人以为水池一直延伸进去。这种使用镜子的手法也被用在拙政园的得真亭等处，我认为这种手法并不高明。但是，此园的作者如此煞费苦心，大概因为已在东岸营造出如此优美的泼墨山水景观，也想在西岸做点什么吧。

（6）云岗

从东半亭的岸边到濯缨水阁之间，岩石嶙峋的驳岸变得崎岖不平。水池的驳岸和假山同样由黄石堆筑而成，这大概是作者考虑到庭园面积及其统一性而做出的明智之举。沿着墙边的平坦小路走，首先看到东半亭旁右侧有一座作为客山的假山，往前跨过水池出水口的溪涧，就到达南岸的主山云岗。

溪涧上架着一座石拱桥，拱桥寓意下面可以通船，石拱桥与旁边的“待潮”刻石相呼应，暗示着园内的彩霞池与园外的运河、海洋相通，显示出园主人的理想抱负。

云岗全部使用大型的黄石堆叠而成，其中有洞道可以上下。登上山顶可以俯瞰全园，水池周边的景色仿佛触手可及。但是因为一览无余，我却产生了一种看见舞台后台似的复杂心情。

除了以上这些,水池四周的景色还因春夏秋冬而有不同的观赏方法。东岸是云蒸霞蔚的山水春景，南面有观鱼赏荷的水边夏景，西岸赏秋夜之清风明月，北侧看苍松之披霜戴雪。这些景色模仿四季又彼此相连，应该是为了让水池周边的环游观赏更加有趣而做的精心处理吧。

4. 水池北岸之景

（1）集虚斋

水池北岸的园景是以建筑为主，建筑的解说有很多专业用语，篇幅所限，下面主要以框景为中心来进行说明，进而理解建筑是怎样衬托水池中心的景观了。

从竹外一枝轩穿过圆洞门进入集虚斋，当眼睛适应了内部的昏暗之后，便会注意到整面墙上都挂着书画。转过身来回望，来时的月洞门两侧翠竹摇曳，圆洞门内形成一个框景画面。水池表面的涟漪在逆光中闪烁，画面的前景是回廊的水平栏杆和一根垂直的廊柱相交成的十字形，为单调池面进行点缀。原来将水面放大之后再看，竟是如此新鲜而令人惊奇。

（2）看松读画轩

从集虚斋来到相邻的看松读画轩。窗外，罗汉松、白皮松、翠柏等古树铭木参天而立。以这些老树为前景形成的框景，底景是开阔的水面和南岸的全景，明亮开朗。这与集虚斋看到的水面框景形成鲜明对比，正因如此，当看到眼前被大自然环抱的水池全貌时，游客才欣然接受。

看松读画轩里还有一处框景。从建筑内部向北侧的窗户看去，带有纤细纹样的窗框之间，竹、石、芭蕉、花卉等景物组合在一起，眼前仿佛展开了一幅花鸟画。其中的秘密是在窗户和围墙之间有个 1 ~ 2 米的缝隙，在这个夹缝空间中布置着各种景物，这称为“空灵”。此处只是灵活使用无用空间的一种方法，并非“空灵”一词的本义那样赞赏绘画、书法的玄妙。这种“空灵”的手法是南方建筑的特色；在北方建筑中，房间的墙壁就是围墙，所以无法创造这种空灵的效果。

看松读画轩的西部是一间小室，与整体建筑隔开且幽暗而安静，这个房间的漏窗外面是潭西渔隐，再往西就通向殿春簃的院落了。

（3）殿春簃

殿春簃景点[1]自成一处院落。建筑虽然与看松读画轩连在一起，却不是平行排列，而是稍微有所偏移。而且，殿春簃院落与中央的水院通过回廊和围墙分隔开来。殿春即芍药的雅称，于晚春时盛开。宋代营建渔隐的史正志出生于扬州，因扬州的名花是芍药，故由此命名。据说清代的网师园是观赏芍药的名所，曾种植大量的芍药花。如今虽已繁花不再，但室内摆放着明朝流行的家具，依然充满优雅的气氛。陈从周教授曾以殿春簃为蓝本，在美国纽约大都会博物馆二层，建造了中国明式古典庭院“明轩”。来看看内院吧（图 19）。

从殿春簃前面的平台环视四周，现在早已没有芍药花畑，而且树木、湖石、亭子都贴着墙壁布置，空空的院落只有中间部分的铺地异常醒目。

---

1 按照建筑的建造方法，“濯缨水阁”应该叫“濯缨水榭”，但是却按照该建筑的重要性称其为阁。如此看来，堂也好，亭也罢，建筑的名称可以根据园主人的主观意识灵活使用，不能说孰是孰非。但是基本上文人和技术者都有各自的分类方法。

图19 从平台看内庭（引自《苏州庭园》）

回廊从平台东面开始，很快就穿过洞门绕到水院一侧。从这个洞门看出去，刚才的水院内几棵树木高耸蔽日，下面点缀着几峰湖石。这个画面令人想起小山丛桂轩南面散落在树丛中的湖石峰群，并体会到，殿春簃与网师园一脉相承。

西南角的湖石深处，有一眼像水井一样小而深的泉水，名为涵碧泉，由于此院地坪比彩霞池周要高，泉眼的水位深度正好让人联想到彩霞池的水位，其目的还是使人感觉到此院落是网师园整体的一部分。

涵碧泉旁伫立着冷泉亭，听说现在的泉眼曾长期深埋于地下，在改造时才发现，故立亭纪念。

站在冷泉亭前面的空地，透过东面的洞门可以看到最后的框景。这处框景被收入网师园的所有影集，大概是网师园首屈一指的框景了。

洞门是细长的长方形，门外有一座比洞门的门槛还低的曲桥，这座曲桥的闪电造型令人心旌摇荡。曲桥的尽端是平缓的坡道，缓缓地引向竹外一枝轩。再往前是东半亭，令人联想到东岸以此为前景的泼墨山水画面。亭子的内侧墙上有一小块黑色暗影，那是通向住宅的通道，看起来像充满魔力的黑洞。恍惚迷离之间，再把视线投向水池，那一泓方塘明鉴、云影天光的池水，仿佛正在讲述着网师园主人的宏大抱负。

最后，再一次仰望这长方形的门洞，洞门上方，意味着幻境的“真意”二字昭然若揭（图 20）。

图 20 从殿春簃内庭看出去的框景（引自《园林艺术》）

第四章
苏州沧浪亭

一、落魄诗人的造园

前三章我们了解了拙政园、留园、网师园三座典型的中国文人庭园，它们的园主一致将沧浪亭作为造园理想。换言之，沧浪亭是城市山林的典范，它的作者简直就是天才。还因此形成了沧浪亭观[1]：即庭园应该被美化成壮丽的殿堂。但是下面要介绍的沧浪亭的故事，却是少数派的见解，他们主张沧浪亭是小而简素的庭园。

1. 苏舜钦及其所处时代

"苏舜钦（1008—1048 年），字子美，宋代铜山（四川省）人。年轻时慷慨有大志。善作古文诗歌兼草书。初为太庙斋郎，后考中进士而累迁至大理评事。康定年间被范仲淹推荐为集贤校理。因挪用公款招伎玩乐宴请宾客而被削职流落异乡，作沧浪亭，自号沧浪翁。后再起用为湖州长史而卒。"这是后面故事的梗概，在苏舜钦去世前 4 年间发生的。首先从当时的时代背景说起吧。

宋朝处于内忧外患的局面，为抵御北方民族的侵略而产生财政困难，党派之间的政治斗争也日渐激化，甚至连皇帝也被卷入政治权谋的漩涡。渡过这些难关之后建立起来的庆历之治，是由范仲淹、欧阳修、富弼等一代名臣集结成的革新力量实施的理想政治。

核心人物范仲淹（989—1052 年），写下《岳阳楼记》中"先天下之忧而忧，后天下之乐而乐"的名句，不仅是日本后乐园的用典出处，也是他这个理想主义者的政治准则。

---

1 通常的观点认为"沧浪亭是非常华丽的庭园"，理由如下：没有关于沧浪亭实际形态的记录；受韩园的影响很大，韩园是南宋末期在沧浪亭旧址上修筑的宏伟华丽的庭园；苏舜钦被神化，其庭园也被庙堂化了。关于后两点下文会详细论述。

范仲淹的政治助手是欧阳修（1007—1072年），是著名的唐宋八大家之一，他不仅作为政治家活跃在政治舞台，而且还以文学家的身份领导了古文运动，使北宋文坛充满生气。

欧阳修将苏舜钦和梅尧臣并称为“苏梅二君”，在他们身上寄托了宋代文坛未来的希望。对苏舜钦来说，欧阳修是他的顶头上司，而范仲淹则是更上层的负责人。而他自己也极具诗文和书法才能，出生于几代为官的名门之家，不仅有家族前辈的仕宦背景，而且生性刚毅，常常把为国戍边鞠躬尽瘁的韩将军作为榜样。

据《宋史》记载，苏舜钦状貌奇伟。欧阳修评论其诗文的风格“譬如千里马，已发不可杀”，他的草书“有时肆颠狂，醉墨洒滂沛”。苏舜钦曾做《览照》诗，尽显其豪放之气。

铁面苍髯目有棱，世间儿女见须惊。
心曾许国终平虏，命未逢时合退耕。
不称好文亲翰墨，自嗟多病足风情。
一生肝胆如星斗，嗟尔顽铜岂见明。

无论如何，他性格豪放，再加上出身名门却不谙世事，由一件意外的小事引发了重大事件，使他原本一帆风顺的人生发生了巨大的反转。

先说一下这件事的背景。当时，反对范仲淹政治改革的保守派，集结了众多势力伺机反击。处在斗争中心的范仲淹，扳倒了保守派的主要人物夏竦，任命改革派的杜衍为宰相。因为杜衍是苏舜钦的岳父，所以苏舜钦被保守派攻击的可能性就大大增加了。而苏舜钦却对这种形势完全没有防备。

2. 事件的始末

1044 年秋天，37 岁的苏舜钦正值血气方刚的壮年，他作为大理评事主持了进奏院的秋季祭祀。进奏院是朝廷和地方官府之间下达诏书、呈送奏文等官府文书的管理机构。每年春秋两季都在此举办祭祀活动，纪念中国传说中最初创造文字的仓颉。

当日，祭祀顺利结束后，按照惯例要安排会餐。苏舜钦对保守派的人物敬而远之，因此会餐只邀请了自己一派的同僚。大家开怀畅饮之际，还招来艺伎助兴，会餐变成了豪华的盛宴。

有位保守派人物李定原本也想参加，却吃了闭门羹，于是暗中设计，自始至终一直监视，说他们“酒桌饭局招伎玩乐，对神不敬行为过激”，还有“针砭国政，胆大妄为”等，对宴会的情形添油加醋到处传播，弄得满城风雨。

此事被上奏朝廷，调查的结果，进奏院的财务人员将院里卖废纸的公款，未经正规手续而用做宴会的费用。得势的保守派官员进一步调查后发现，宴会的实际花销，比当初的预算与挪用的金额之和多出了一万钱，对此再次追查的结果是苏舜钦自掏腰包支付的。

这些自费支付的款项没有问题，而那些公款的不当使用，却不是财务一个人的责任，作为负责人的苏舜钦应该事先知晓，因此全部责任就直接指向苏舜钦。

审查的结果，大部分赴宴者以行为不慎获罪，并被各自处以很轻的处罚；苏舜钦以监守自盗的主犯获罪，被革除全部公职，并遭到逐出京城、永久流放的严重判决。因为此事，刚刚当上宰相的杜衍被迫辞官，还严重危及了范仲淹的势力。苏舜钦则自此永别京城。

苏舜钦一家虽祖籍四川省铜山，但父祖三代都在京城为官，所以被革职后回不回故乡都一样。所以选择了苏州作为其定居之处。苏州是当时中国首屈一指的大都市，也是范仲淹的故乡，因此对苏舜钦来说会比较安心吧。翌年四月，苏舜钦将所有后事托付给其兄苏舜元后，离开京城。

从苏舜钦离京之后的诗作可以看出，他离京时的心境还没从京城繁华的生活中挣脱出来，表达出“脱身离网罟，含笑入烟萝。穷达皆常事，难忘对酒歌”（《离京后作》），和想要游于山野的心情。但是，在后来的舟车旅途间，他却逐渐切断了对过去的一切念想，渐渐遵从大自然教诲。题为《淮中晚泊犊头》的诗是这种转变的开始。

春阴垂野草青青，时有幽花一树明。

晚泊孤舟古祠下，满川风雨看潮生。

这首诗后来深得黄庭坚的喜爱，因而声名卓著，一般解释为“遭遇人生不测的苏舜钦，在船中看到大自然的造化，预感到自己即将到来的命运，就像少女一样，内心充满期待与不安的状态”。

那么，苏舜钦在船舱里到底经历了怎样的体验呢?

欧阳修在《画舫斋记》中记载“凡入予室者，如入乎舟中……盖舟之为物，所以济难而非安居之用也”。中国文人模拟非日常世界而营造庭园，其中的标志就是设置画舫，寓意将开始流浪之旅，也就是向非日常的世界出发起航的象征。苏舜钦终于明白了，自己住在都城时想要体悟的非日常世界，只不过是文人加工过的文雅世界，是隐逸的模拟体验。从此之后，他的漂泊之旅才真正开始。

3. 与沧浪亭的相遇

予以罪废，无所归。扁舟南游，旅于吴中。始僦舍以处，时盛夏蒸燠，土居皆褊狭，不能出气，思得高爽虚辟之地，以舒所怀，不可得也。一日，过郡学，东顾草树郁然，崇阜广水，不类乎城中。

上文摘自苏舜钦著名的《沧浪亭记》。文章的前半部记载了到达苏州直到营造沧浪亭的过程。

“郡学”建于1034年，是范仲淹多年以来的理想，是培养官吏的学校，后来成为州府承认的“州学”，一直持续到清代后期。位于今天苏州市人民路文庙东部，紧挨着沧浪亭的西北方，与沧浪亭结下不解之缘。苏舜钦能够不顾暑热散步至此，应该是来郡学造访某人吧。

并水得微径于杂花修竹之间，东趋数百步，有弃地，纵广合五、六十寻，三向皆水也。矼之南，其地益阔，旁无民居，左右皆林木相亏蔽。访诸旧老，云钱氏有园，近戚孙承 之池馆也。

这一段描绘了沧浪亭周围的一般情况。其中对竹、水风景的描写印象深刻，这是引出沧浪亭立意的重要前奏，所以请一定记住。

苏舜钦认为沧浪亭所在之地是“孙承祐池馆之旧地”，对此还有各种说法。然而与对园主的考证相比，五代十国时期节度使的雄伟池馆曾建于此的事实更加重要。那座豪华的庭园叫什么呢？本书在众多说法中选择“南园”一称吧。

坳隆胜势，遗意尚存。予爱而徘徊，遂以钱四万得之。

马上就要引出苏舜钦建沧浪亭的立意了。

苏舜钦曾经豪放不羁的诗风，在《淮中晚泊犊头》诗以后就变成歌唱平静淡泊的大自然了。他的双眼已经见惯了天然状态下的大自然，如今，突然看见曾经繁华的南园遗迹，早已屈服于大自然的天命规律而变成一片荒野。中国人经常以苍古来形容这种情况。苏舜钦被南园遗迹中的苍古之情深深打动，决心在此地建造庭园。也就是说，沧浪亭的立意就是从“苍古之情”开始的。

这里再重温一下城市山林的理想，庭园再小，即便是人工化的，也要继承唐代的自然式山水庭园的理想。

“这里确实是城内。但是却有城内难以见到的丰富自然景观。此外，还有豪华的贵族庭园历经沧桑之后的凄美之姿。这是连唐代自然式山水庭园也没有的、理想的山水之景，更难得的是它还位于城内。如果稍加经营，不就可以实现还不曾有人达到过的城市山林的理想了吗！”

有此想法的他，马上买下了这块土地开始造园。但是在《沧浪亭记》中却没有记载造园的详细情况。

4. 沧浪亭的景观

构亭北埼，号“沧浪”焉。前竹后水，水之阳又竹，无穷极。澄川翠干，光影会合于轩户之间，尤与风月为相宜。

详细描述庭园的景观是园记的常识，而这篇亭记所写的园景只有这几句。

为什么呢？

该园景观的主要部分是庭园四周的原野。前文对此已经叙述过，这绝不是有意忽略园内的景观，实际上苏舜钦在给韩维将军的信中曾写道：“（庭内有）珍花奇石，曲池高台，鱼鸟留连，不觉日暮”（《宋史.苏舜钦传》），毫无疑问庭园之景一应俱全。但是（园记）却省略了那些详细的描写，究竟是出于怎样的考虑呢？现在只从亭记本身来分析一下庭园的情况。

首先是庭园的构成，假设只有一座中心建筑，在建筑的北埼、也就是北侧的山丘之上立有“沧浪亭”。

其次是景观，亭外之景“并水得微径于杂花修竹之间”，是水与竹的象征表现。亭内之景“前竹后水，水之阳又竹，无穷极”，还是水与竹的象征性描写，这里的竹寓意“清节不屈”，水则意味着“如意自在”；自古以来“水竹居”就是隐士居住之处的象征性语言。所以可以理解为庭园内外所能看到的所有景色，都是通向隐者心境的世界。

苏舜钦首先登上沧浪亭眺望亭外的景色。那是连绵不绝的人世间的景色，如今再想起在都城发生的一切，苏舜钦早已怀着隐者之心泰然处之。走下沧浪亭，环顾周围的景色，心中充满明澈清雅之意。这种清雅之景与俗世之景形成鲜明的对比，再由虚实相生幻化出虚幻之境。苏舜钦对此幻境的描述是“澄川翠干，光影会合于轩户之间，尤与风月为相宜”。

登上高处远眺通向都城的水路，苏舜钦被流放离开京城以来，心底深处久久无法忘怀的“俗念”便涌上心头。但是，这种念头在沧浪亭清澈的氛围中得到升华，呈现出雅俗浑然一体的世界。这种雅俗一体的境界，成为苏舜钦庭园观的基础，在亭记的后半部，“雅俗融合”之语成为关键词，把他的庭园观展现在我们眼前。

这些认识也传到了日本，比如森本哲郎先生的《中国幻想行》（角川选书）中有“虽然不知道四万钱相当于今天的多少钱，无疑是相当大的数目”。

这里的四万钱是亭记中的记载，欧阳修也曾调侃说“清风明月本无价，可惜只卖四万钱”。这句诗有解作“贵重的明月清风，只用四万钱就买到了”，也有解释为“只不过是明月清风，却花了四万钱的高价买下来”。

这个争议是从“沧浪亭是华丽还是简素”的争论发展而来的。但是，我认为这是诗文修辞上的争论，与四万钱的实际经济价值毫无关系。

关于四万钱的经济价值，有如下观点：北宋时期，以铜币千文为一个数量单位（贯），从实际价值来说，一千文相当于七百七十文；四万钱是以低品位的铜钱计算出的数字，与在日本将四百元称作四万钱是一样的道理；苏舜钦在都城自掏腰包，支付一晚宴会费用的差额就是一万钱，由此可见四万钱并不算巨款。

再从造园的实情来看。从苏舜钦来到苏州，到他邀请欧阳修来沧浪亭之间不足两年，造园的时间相当短。苏舜钦死后，章氏马上进行了扩建工程。当时，在池中发现了尚未使用过的南园时期的造园用石材。可见，苏舜钦的造园非常仓促。

我开始产生“沧浪亭是简素之庭”的想法，是来自清末放浪画僧虚谷的绘画（图 21）。那幅画是一座草庵相映在水、竹的环境中，一位高士伫立在板桥之前。当时我感受到画外之意是：这显然就是苏舜钦的心象风景，从其精神层面来看，沧浪亭就是座简素的庭园。之后，我又向篆刻家石昌明先生请教有关这篇亭记的见解，先生也说“沧浪亭是简素之庭”，因此我们下面将要看到的亭记后半部分，与日本的中国文学研究者们的一般解释，旨趣稍有不同。

这幅山水画的主题，是在以水竹为象征的隐居环境中、正在遥望俗世的高士之图，这的确可以说是对苏舜钦《沧浪亭记》中“雅俗融合的心境”的生动描绘。此画的作者是清末画僧虚谷（1823—1896 年），他曾将改变世界的梦想寄托于太平天国运动，梦想破灭之后流浪而终。所以可以将此画看作是苏舜钦再入仕途而无望的心境，与虚谷自身对再建汉民族国家之梦无法实现的绝望心境相重合的结果。

图21 虚谷画《板桥修竹》（引自《虚谷画册》）

二、沧浪亭记的庭园观

1. 沧浪思想

沧浪亭中“沧浪”一词出自春秋时代楚国一带名为《沧浪诗》的民谣：沧浪之水清兮，可以濯吾缨；沧浪之水浊兮，可以濯吾足。

这里的“沧浪”是汉水支流的河川，“缨”是官员帽冠上的带子，歌词的意思是“时势清明顺利之时就出来为官，时势黑暗不利之时则当个老百姓”，是古代兴亡无常时，城市国家的市民向往的生存方式。

最初记载这首沧浪诗的著作是《孟子·离娄》篇，离娄篇中的沧浪诗叫《孺子歌》。孔子为了向他的弟子们讲授“人之祸福乃自取之也”，就举例“孺子歌也说，如有善行则荣誉必至；如有恶行则耻辱必待”。

战国时代，屈原作的《楚辞·渔父》中也有沧浪诗。这里暂且称为“渔父之歌”。楚国贵族出身的屈原，曾任要职三闾大夫，一时遭政敌谗言陷害被流放，失望之中正在南方某地的泽畔徘徊。这时忽然出现一位渔夫，对屈原提出了这样的忠告：“圣人不凝滞于物，而能与世推移。世人皆浊，何不淈其泥而扬其波？众人皆醉，何不餔其糟而歠其醨？何故深思高举，自令放为。”但是，屈原却回绝说“宁赴湘流，葬於江鱼之腹中。安能以皓皓之白，而蒙世俗之尘埃乎！”于是渔夫莞尔而笑，撑起船桨，唱着“渔父之歌”扬长而去。

同样，对沧浪诗也有两种解释，一般说到沧浪诗的出处是《孟子》，而解释则似乎多取《楚辞》的故事。实际上，即使按照《楚辞》的解释，也存在不同的看法，有解释为“明确出处进退”的儒家思考方式，也有“顺应自然之道”的道家思考方法；甚至为了探究这个问题产生了“沧浪学”。这个学派成员的笔名、书斋的名称、庭园的名称等，全部使用与沧浪诗有关的词语。本书已经出现过的就有唐代陆龟蒙的“沧浪池”、拙政园的“小沧浪”，网师园的“濯缨水阁”。这些名称背后的沧浪思想到底是什么呢？网师园的例子象征着幸福的隐居，其余全部象征的是隐居起来批判现实社会的立场。

日本也有几个例子。伊藤博文拥有“沧浪渔夫”、“清水濯缨”等闲章，他在大矶的书斋名叫“沧浪阁”。武藏小金井市有“沧浪泉园”，原是波多野古溪的庭园，大正八年（1919 年）书法家犬养木堂到访此园才以此命名。这两个例子中的沧浪，都是为国事奔波之中想要忙里偷闲之意，相当于中国的中隐思想。古代时京都西本愿寺飞云阁的水池叫“沧浪池”，飞云阁好像是丰臣秀吉的聚乐第移建到此地的，不知道秀吉会有怎样的沧浪思想。

刚才列举了各种各样的“沧浪”想法，主要是想弄清楚苏舜钦的沧浪思想属于哪种风格。

2.“自胜之道”

予时榜小舟，幅巾以往，至则洒然忘其归。觞而浩歌，踞而仰啸，野老不至，鱼鸟共乐。形骸既适则神不烦，观听无邪则道以明；返思向之汩汩荣辱之场，日与锱铢利害相磨戛，隔此真趣，不亦鄙哉！

亭记的后半部是由起、承、转、合四部分构成的，这是第一段，探究其言外之意，可以明白新时代庭园的状态：住宅与庭园应当分开设置，但与以往不同，庭园最好能在家附近；过去，游园是为了招待客人，而今是用于自身的修养；在园中获得的神清气爽之感，可以使日常生活恢复元气。

人固动物耳。情横于内而性伏，必外寓于物而后遣。寓久则溺，以为当然；非胜是而易之，则悲而不开。

第二段从人类本性的角度来说明庭园的作用。换言之，情必外寓于物而后遣，但不能寓久而溺，因此，只有胜而易之。最终能够达到“胜（超越）”的外物就是庭园，但是如果在庭园中待的时间太久也会沉溺其中，所以与住宅分开或者离家较近会比较好。这不是“居住”而是“栖居（寄居）”的思维方式。

“胜”是获得神清气爽之境的契机，带来自然界之“灵气”、画论之“神韵”，在庭园中则是园景营造的“幻境”。

唯仕宦溺人为至深。古之才哲君子，有一失而至于死者多矣，是未知所以自胜之道。

第三段文字虽少，却是苏舜钦以自己独特的方式展开的议论。假设“古之才哲君子”是沧浪思想的本宗屈原，那么这段文字就变成：最不应该的就是在朝为官，连屈原不也因为做官而殉国了吗！啊，如果屈原明白我所说的自胜之道，就不至于死了！

受人爱戴的屈原，为何受到如此批判呢？这里潜藏着苏舜钦特有的悖论。他的目的是想通过读者对这一悖论的思考，唤醒自己对宋朝这一时代意识的觉醒。

屈原所在的战国时代，诸国并存，就像渔夫劝说的那样，如被楚国流放了，可以出走他国。屈原拒绝这样而愤然投江，是为自己的信念殉死。这当然是作为自由人的屈原的伟大之处。但是假如屈原生在宋代会如何呢？

由于宋朝是大一统的汉民族国家，没有选择国家的余地。所以屈原即使死去也不会被视为英雄。究其原因，这不是充满荣光的自由人之死，只是单纯的厌世自杀而已。

言外之意是，宋代的官员连屈原那样选择英雄之死的自由也没有。将隐逸作为自由选择官场道路的时代已经结束。因此对于苏舜钦来说，隐逸就像欧阳修《画舫斋记》所说的那样，只是“忘其险阻”的手段而已。此后苏舜钦的人生除了寄希望于回归官场之外别无选择。

但是，为了不白白浪费隐居时光，有方法让隐逸发挥积极的作用。那就是在隐逸中修身养性，为回归仕途做准备，所谓“将胜寄寓于自身”，也就是“自胜之道”[1]。

---

1 按照在中国所见的亭记注释，“自胜，是指克制自己，不断超越自我，战胜自我”。入谷仙介先生翻译为“战胜自己之道”。但是，我属于少数派，将其解释为“通过寄己之情于能胜之物（即庭园），从而获得心灵之胜境”。

可见，与屈原时代的以自由人为目标不同，苏舜钦的沧浪思想是受到北宋中央集权国家中的国家主义思想洗礼后的沧浪思想。

予既废而获斯境，安于冲旷，不与众驱，因之复能乎内外失得之原，沃然有得，笑闵万古。尚未能忘其所寓目，用是以为胜焉！

这是终段。在这里，作为自己的经验之谈，列举了自胜之道的各种成果，其归结出的“以为胜”，具体来说就是暗示着庭园。所谓“安于冲旷”是指心态；“获斯境”即获得了庭园这一清闲之地。所以，这就成为他的庭园观。

最后，为了使自胜之道的效果能够持续，也为了让庭园随时都能保持这种胜境的状态，需要注意并牢记的是，（在园中）“栖居”比“居住”更加重要。

综上，苏舜钦的主张概括如下：

我提倡的自胜之道，是为今后这个时代的官僚诸公提出的。你们与昔日的先哲不同了，“隐逸”这所逃避社会的庇护所已经没有了。也不要期望像屈原那样满怀荣光地选择自由赴死。所以，今天的诸公应常常修养隐逸之道，将健全的官僚社会保持下去，这才是你们的正道。

为了这种修养营造的庭园景观，对游园者来说必须达到胜境。这不是以日常生活的建筑为主的庭园，必须营造那种以自然为本位的庭园，无论是谁，都能从中获得非日常的幻境的体验，从而恢复元气，达到摆脱日常烦恼之苦的心境……

这是苏舜钦新造园运动的宣传，这一运动的关键词就是“在庭园中雅俗共赏”的“自胜之道”。

3. 生于沧浪，死于沧浪

我们已经解读了苏舜钦营建沧浪亭的原委及其思想，对于苏舜钦来说，沧浪亭究竟意味着什么？为什么是小而精致的庭园？这些还需进一步探讨。

（1）沧浪亭的历史意义

沧浪亭是在自然状态的原野中诞生的庭园，在当时以建筑为本位的造园界无疑是一石激起千层浪。除此之外，沧浪亭还尝试将中世纪豪奢的南园遗梦与老庄思想的自然观结合在一起。这使沧浪亭表现出从贵族庭园向庶民型城市山林的转变，因而具有历史意义并受到高度评价。

从这一层面来看，沧浪亭也不可能是宏大的华丽庭园。

（2）官僚伦理的革新

苏舜钦的最高上司范仲淹，为了改革当时的官僚伦理体制可谓费尽心血。另外，欧阳修还通过复兴古文运动，排除繁文缛节的形式主义，也给范仲淹以很大的帮助。欧阳修把苏舜钦当作古文界的前辈而十分仰慕，认为他是古文复兴运动的继承者，因此苏舜钦虽然身处失意之中，但他修筑沧浪亭、提倡自胜之道一事，却响应了欧阳修的号召，可以说，苏舜钦担负起范仲淹官僚伦理体制改革运动的一方重任。

（3）向官场的回归运动

苏舜钦的亭记中有“以罪废”“既废”两处字眼，他因被贬谪而剥夺了士大夫的身份，所以世间不把他当作隐士。此事对于自视甚高的他来说，自尊心受到了莫大的伤害。因此苏舜钦下定决心，无论如何也要回归官场，一雪污名。

在当时中国的官僚社会，毁誉褒贬是世间常有之事，想要挽回也有充分的可能性。苏舜钦没有等待观望，而是迅速建起沧浪亭，书写了亭记，将自己的存在隆重地昭示于天下。

（4）苏舜钦的闲适

那些认为沧浪亭华丽气派的人们，一定认为苏舜钦在沧浪亭中悠然自适，事实果真如此吗？

苏舜钦在庭园刚一建成，就给友人韩维将军写信，又邀请欧阳修来园游赏，这也是他借闲适之名向官场回归的举动。此外，还可以从他这一时期的诗中读出矛盾的心情。例如从《初晴游沧浪亭》一诗，仿佛看到他听闻鸠鸟鸣叫，就想起对京城家人难以割舍的亲情。《夏思》一诗中，苏舜钦在莺啼声中，满怀苦闷地等待赦免通知的形象跃然纸上。

《初晴游沧浪亭》

夜雨连明春水生，娇云浓暖弄微晴。

帘虚日薄花竹静，时有乳鸠相对鸣。

《夏意》

别院深深夏簟清，石榴开遍透帘明。

树荫满地日当午，梦觉流莺时一声。

原本诗风豪放的他，却在《沧浪静吟》中吟唱出末年的情绪。

独绕虚亭步石矼，静中情味世无双。

山蝉带响穿疏户，野蔓盘青入破窗。

二子逢时犹死饿，三闾遭逐便沉江。

我今饱食高眠外，唯恨澄醪不满缸。

最初的两句写苏舜钦与沧浪亭的会面，是从渡过危陋的板桥开始的，此桥如今变成了石桥。伫立园中回想昨日，俗世的一切都已升华，心境变得更加清澈、平静。

紧接着的两句，虽也曾想起在都城所受的保守派的攻击陷害，但是正因为有了那段经历，才有了今天的全新出发，到达了如今的（平静）心境。

之后的两句，表现伯夷、叔齐和屈原都放弃选择隐逸，为信念而殉死之事。但是，那个时代还是“虽死犹荣”之世，如今却是死如丧犬的时代。

最后两句，与伯夷、叔齐和屈原选择死亡相比，我如今算是衣食无忧。然而，生于这样的时代，在有生之年除了为国尽忠却别无选择。可今天竟然连如此心愿都无法实现啊！此刻，唯一的心愿就是接到赦免的通知，尽快回到都城饮酒去啊。

1048 年 12 月的一天，苏舜钦翘首盼望的赦免通知终于送到，同时送来的还有湖州长史的任命状。但可惜的是这一时刻来得太迟，他已经走完了 41 年的短暂生涯。

欧阳修在苏舜钦的墓志铭上挥泪写下：自君卒后，天子感悟，凡所被逐之臣复召用，皆显列于朝。而至今无复为君言者，宜其欲求伸于地下也，宜予述其得罪以死之详，而使后世知其有以也。

三、时代潮流中的沧浪亭

1. 宋元时代的沧浪亭

（1）章氏的沧浪亭

北宋时期，苏舜钦的沧浪亭仅仅维持了不到一年时间。其后转让给他的亲族，其两位亲属将庭园分成两半，一般以章氏之园为世人所知。章氏因庭园狭小而对其进行扩建，当时发现了南园时代埋在水池中的山石，并用此石修筑了北埼西侧的假山。这座假山如果原样保留到现在，应该就是现在沧浪亭大门之内的湖石假山。

（2）韩世忠的韩园

南宋时期，韩世忠将军在沧浪亭的废墟上建起了韩园。韩世忠将军救回被金掳去的高宗皇帝，此园是对他军功的赏赐。当时的韩园是以大云庵为中心的华丽宫苑式大型建筑庭园，这并不是将军所希望的，而是听命于高宗的旨意。相传只有在北埼重修的沧浪亭保留了将军的意愿。

另外，韩世忠决意在大云庵中隐居，是因其好友岳飞遭娒和派秦桧设计谋害，韩世忠为岳飞遭人陷害的命运鸣不平，准备与秦桧决裂。因此，隐居中的韩世忠表面上表示出对宋朝的恭顺，内心却充满了对南宋前途命运的忧虑。所以，韩世忠在北埼再建的沧浪亭，可以看成是将苏舜钦仕途中断、黯然离世的绝望，与他自身经历叠加后建成的结果。

进入元代之后，韩园成为僧院，直到明代后期的三百年间，一直缺少沧浪亭相关的历史记载。今天所见沧浪亭的清香馆、翠玲珑、瑶华境界等建筑物沿用了韩园（大云庵）当时的名称。

2. 明清时代的沧浪亭

（1）明代的重建机会

在元代曾一度衰落的造园之风，进入明朝后再度盛行，元末建造的狮子林等，被看作是反抗元朝的壮举，官民上下都对其称赞有加，但是沧浪亭却不知为何被人遗忘了。

然而明代后期，官场政治被阴云笼罩，突然之间，沧浪亭相继获得了复兴。可以说，沧浪亭的复兴是由那些对明朝统治怀有反感情绪的人们支持的结果。

嘉靖年间，胡缵宗在大云庵旧址上建起了“韩蕲王祠”，韩蕲王是韩世忠的谥号，以赞颂韩世忠的功德。继而僧人文瑛继承韩世忠的遗志，在北埼重建沧浪亭。在此之后，庭园的景趣不断完善，人们的关心也从韩世忠的庙堂转移到苏舜钦的沧浪亭。当时苏州文人之间开始盛行在园内举办游园活动。园内墙壁上镌刻的《沧浪七老》《沧浪五老》以及《文徵明像》等就是这一风潮的遗迹。

文徵明生来具有温厚笃实的性格，晚年之后成为苏州文坛的前辈而倍受尊崇，也曾担任沧浪亭园游活动的召集者。即使如此温厚的文徵明，相传也有"文徵明书画四不应"的癖性。他曾一时为官，其间对官场非常失望，发誓"凡是藩王、贵族、官僚、外国人求其书画一概不应"。"四不应"是他反对权力的宣言。他召集的明代文人的园林游赏活动不仅宣扬自胜之道，实际上也在暗中对明朝政府进行着批判。

这种园林游赏是在南宋时期被韩世忠强化的对苏舜钦的怀念之情，与明代文人自身的感情信念叠加之后的产物。也许有人认为：他们只是借园游活动舒解心中的郁愤，却没有去积极地考虑革新的对策。有这种看法的人应该对明朝黑暗统治的激烈程度一无所知，如果知道了当时株连的恐怖实情，自然能够理解。

所以，以沧浪亭的园游活动为象征的明代沧浪思想，在对官僚社会提出批判的同时，还是文人阶层应对明朝恐怖政治的护身符。

（2）清代的沧浪亭

康乾盛世之后，继续对明代沧浪亭进行了改造和再建。

巡抚王新命修建祭祀苏舜钦的苏公祠之后又经过各类人士的不断修复和加建，沧浪亭成了苏州第一名胜。

那时沧浪亭的情景，在清代小说《浮生六记》中有这样的记载："中秋日……先令老仆约守者勿放闲人。……老仆前导。过石桥，进门，折东曲径而入，叠石成山，林木葱翠。亭在土山之巅，循级至亭心，周望极目可数里，炊烟四起，晚霞灿然。隔岸名'近山林'，为大宪行台宴集之地"。

仅从这段记述来看,当时的沧浪亭属于文人庭园的风格,且不是私园,而是类似庙园具有公共性质。这样的沧浪亭究竟意味着什么呢?

《浮生六记》在开头就说:“余生乾隆癸未冬十一月二十有二日,正值太平盛世,且在衣冠之家,居苏州沧浪亭畔,天之厚我,可谓至矣”,言外之意“此时恰逢清朝统治的盛世,而我生于士大夫之家,不愿意为清朝政权服务,所以不必去做官。想去做官谋取功名的大有人在,能住在像我一样对仕途绝望的前辈苏舜钦(园池)的近旁,这真是要感谢上天对我的厚爱呀”。换句话说,清代的文人也将苏舜钦梦断官场后的那种绝望之情,与自己对清朝的抵抗心情叠加在了一起。

这样的思维方式持续到19世纪,梁章钜对沧浪亭进行大规模重建。当时将“苏公祠”按照沧浪亭记的记述改名为“明道堂”,整体配置采用今天所见的庙堂形式。

这意味着什么呢?我是这样考虑的:这座与文人庭园不相称的、对称布局的庙堂,意味着无论清朝政府拥有怎样至高无上的权力,清代的文人阶层也是不可冒犯的;为了保持汉民族专属的圣域,文人们将苏舜钦神格化,也将沧浪亭圣域化了。

在这座将苏舜钦神化了的明道堂建成之后,在沧浪亭内还建起了祭祀地方名士的“五百名贤祠”。就像宋代范仲淹修建的郡学在清代仍然延续着一样,苏州的文人都非常热心于后辈的教育。受此风气的影响,五百名贤祠中供奉着当地578位名人先辈的画像,在向后世传达他们重振中华民族古代繁荣之世的决心。

这些再建沧浪亭的努力,在太平天国运动时期因战乱而被迫中断。战乱刚一平息,复兴计划就马上开始,1873年至1875年间得以再建。但庭园北半部已经毁掉,之后庭园周边的部分也被逐渐蚕食。1949年以后整修时,看山楼以南的前庭部分已经都被侵占殆尽。

综上所述，苏舜钦死后的沧浪亭，已经违背了苏的遗志，变成人工化的、庙堂风格的庭园。了解中国元、清两代历史，就不应该简单地把这种倾向当作中国人的偶像崇拜加以批判了。

另外，如果概括沧浪亭承载的思想，无论哪个朝代，苏舜钦“自胜之道”所奠定的自我修养，其实质都可看作是对各个朝代进行政治批判的手段。将这看似毫无关联的二者彼此交织在一起，并焕发出迷人魅力的正是沧浪思想，也就是中国文人传统的“风雅”。

3. 打破常规之庭

如今去参观沧浪亭，首先会惊讶于进门之前就远远望见立在沧浪池北埼的一角方亭，再听介绍说这实际上是沧浪亭的主景，就会更加吃惊。沧浪亭这种独具特色的布局方式，被称为“打破常规之庭”而大加宣传。

然而此园的打破常规之处不止于此。图 22 是康熙年间的绘画，图 23 是清末的绘画，将这两幅画与现在的情况（参照卷末沧浪亭平面图）比较一下就会发现：自康熙年间至 1873 年改造时，庭园面积的北半部分消失了，之后庭园的边界从沧浪池的北岸后退到了南岸；1957 年苏州市改修期间，看山楼以南的部分和横贯整体的东西水面也被削减，庭园再次缩小到了原来的三分之二；随着不断缩小，南面的正门没有了，将五百名贤祠的门改做正门，庭园的路线被完全改变；阻断庭园东西的水路导致园内水池干涸，今天只剩下一个钵状的小水池。

以上就是打破常规之庭的形成过程。

所以沧浪亭的打破常规，并非有意为之，而是由于对沧浪亭的关心太少产生的偶然结果。仅留下了两组大型假山和两组祠堂建筑群。无论多么有名的造园家，在此状况下也都没有多少施展的余地。因此他们在重建时，就考虑把精力花在唯一残留下来的回廊上。

因此，如今都说“沧浪亭最有趣的就是回廊”。

图 22 康熙年间的沧浪亭图（引自《江南园林志》）

图 23 清代后期的沧浪亭图（引自《园林之城》）

这条回廊，蜿蜒盘桓在庭园的中部，尤其是翠玲珑附近的曲廊特别精彩。游廊在竹林中依次展开，竹林之间透过的阳光与竹影，从几扇独具匠心的窗户洒进室内，那种幻影的魅力简直无以言表。还有（水池）南面步埼亭附近的回廊，（从这里俯瞰）那小小的水池，池塘边缘散发出火山口一样异样的感觉。另外，一边漫步一边欣赏游廊侧墙上花窗的纹样也是别有兴味；回廊中随处可见的画像和书画石刻等，也都是讲述沧浪亭历史的珍贵资料。

童寯教授在《江南园林志》中记载：“今改为美术专门学校校舍，园中屋宇，渐易旧观。园外曲水当门，石梁济渡，园内一勺而已。沿水尽设廊牖，内外兼顾。不筑高墙，自无畛域，可谓别具匠心者矣。”

教授大加称赞的这条游廊，是沿沧浪亭北侧的水池而设的复廊。沿着复廊隔墙两侧的通道漫步，从隔墙随处的漏窗可以看见另外一侧的景色，极为有趣。如果不身临其境就无法体会复廊的优点。其形式缓缓弯曲，可以从多个角度观赏池塘的身姿；假山旁边几株普通的树木，将水池和亭子完美连接，看起来更加秀丽清逸。

4. 苍古之庭

如今，旅行社的介绍都称沧浪亭是“最古老的庭园”，但这从历史的角度来说多少有点问题。然而像《说园》那样称其为“苍古之庭”就没有问题了。

何谓“苍古”呢？

查阅辞书，苍古指“苍劲古朴趣旨深邃”，如果在沧浪亭中寻找符合这一定义的景色，应该就是“北埼”了。北埼是以土堆筑的假山，由于山上覆盖着苍郁而繁茂的树林，故其形象真的可以称为苍古了。其实不只是它的样貌，这座假山还是当时苏舜钦堆筑的假山原物。而且，苏舜钦将这座假山看成是10世纪前后南园的废墟，在此处感受“苍古之情”，正与沧浪亭的立意紧密相关。陈从周教授在其《说园》中说沧浪亭是“苍古之庭”，正是想表达这样的用意吧。

某一天的早晨，我为了探寻沧浪亭的苍古之情，从网师园附近步行前往沧浪亭。因为，我也想体验一下亭记中所写的“予时榜小舟，幅巾以往”的感受。

从网师园开始没走几步，就出现了残存的运河、田地和树林，在“不类乎城中”的风景中，走出最后的村庄，突然之间，沧浪亭就出现在眼前，至今还记得那种前所未有的感动。但是，苏舜钦乘小舟来游的庭园，应该是更加郁郁葱葱、被自然环抱的沧浪亭吧。

横跨沧浪池的石砌曲桥（图 24）是庭园的入口，这本来是五百名贤祠的入口。九百年前，苏舜钦就是跨过此桥发现了南园的废墟。那时还是“板筑的危桥”，苏舜钦在吟诵“唯恨澄醪不满缸”的沧浪静吟，表达肝肠寸断绵绵不绝的情思时，把此桥改建成了石桥。

想起这些往昔，沉浸在深深的感怀之中，觉得比起明清时期豪华气派的沧浪亭，如今这样打破常规的庭园趣旨才更相符。

进门以后眼前出现一座巨大的湖石假山，沿着回廊围绕假山转一圈，沧浪亭的大致景色就差不多看全了。回廊无法到达的，只有建于北埼之上的沧浪亭（图 25），而《浮生六记》所记述的“周望极目可数里”的

图 24　今天看到的沧浪亭门前之景

图 25 立于北埼之上的沧浪亭

昔日景象已一去不复返了。

从亭子下来准备回去时，为了重温那些早已逝去的情愫，我走进大门旁边名叫面水轩的茶馆，选了一个东侧靠水边的座位。从这里看出去，沧浪池竟然显得格外广阔，复廊的白墙绵延宛转，仿佛环抱着这一池碧水。在这里点上一壶茶稍事休息，心思自然就变得沧茫无所终，相比庭园中林林总总的景色，那超越时代而不断流传的“沧浪思想”更能吸引人们的思绪在其中驰骋翱翔吧。

拜访沧浪亭后获得的悠远的情思，在森本哲郎先生的著作《中国幻想行》中是如此描述的：“人生之沉浮，在任何时代、任何国家都存在。但是，中国人却与世俗背道而驰，一定要营造庭园。庭园对中国人来说，是远离俗世的仙境、诗境。当然，中国庭园中也有很多王侯贵族的奢靡之园。然而，这些也是王侯贵族心目中的仙境和诗境。对于中国人来说，庭园不是现实的世界，而是梦中的国度。王侯借助王侯的威信而造园，贫寒的隐士虽然穷困潦倒，却设计出了属于他们的小巧而精致的桃花源。”（引自角川选书）

第五章
苏州狮子林

一、草创时期的狮子林考

狮子林作为元代的代表性庭园，成为苏州四大古名园之一。要想从今天的状态想象出狮子林草创时期的样貌是不可能的。究其原因，最初的狮子林是简朴的禅宗寺院的庭园，后被多次转卖，最终成为清代大富豪的庭园，因而面貌发生了巨大变化。所以，我们就先暂时忘记狮子林的现状，试着想象草创初期狮子林的样貌。

1. 宋禅的特质和禅院之庭

禅宗之所以在中国而没在印度流行的原因，是由于中国文人的文化根基中蕴含的老庄思想，具有与禅的思想相通相融的部分；同时中国文化是文人官僚的文化，而禅僧的文化与其并无冲突，都建立在相同的文化基础之上。尤其是宋代的禅宗，在教团组织的结构上，与文人官僚阶层非常相似。

禅宗的特色在于彻底的自性自明。这种不需要寺院和经文、属于个人宗教的禅宗，在经历了唐末第三次灭佛事件“会昌法难”之后，到宋朝再度复兴而成为其他宗派的先驱。这种作为个人宗教的禅宗将其基本的修行方式称为“山居禅”。

另一方面，宋朝频频受到北方少数民族袭扰，禅宗则因祈愿国祚绵延而成为国家宗教，类似准官僚组织的禅宗教团组织也日益繁荣。这种作为国家宗教的禅宗称为“官寺禅”。换句话说，宋代的禅僧是脚踩个人宗教和国家宗教两只船，这与文人官员既是特权阶级的一员，同时又想成为隐士的愿望是一样的。

在这种文化相似的背景之下，效仿文人之间流行的以造园来模拟隐遁的做法，禅僧们也开始通过造园来达到修行的目的。宋代的禅宗寺院有三种类型：位于大门到本堂之间，保持传统形式，用于宗教仪式的庭院；在方丈和书院附属的内庭，为提升寺院的知名度和寺僧的情趣修养而建的庭园；伽蓝总体布局以外设置的环游式庭园。

镰仓时代的兰溪道隆将前两种庭园样式引入日本，却没引进第三种庭园。究其原因，南宋以后的文人庭园已逐渐宫苑化而失去其精神性；同样的，禅僧营造的这类庭园也是以修行目的为借口，实际已经变成与文人官僚进行社交和供游兴之用的场所。

南宋灭亡进入元代后，几乎所有的禅僧都归顺了元朝，并且协助元朝实施对汉民族的怀柔政策。其余一部分为了恪守佛的教诲和个人节操的禅僧准备流亡海外。其中有一位僧人放弃流亡，坚守故土，以天目山中的隐居之处为根据地行禅游说。他就是中峰明本（1263—1323 年）。中峰的禅叫作幻住禅，据说与文人的居士禅相似，比较容易理解。他还是博学多识的文化名人，对复兴中国传统文化非常热心。因此，从日本渡海而来、以探求中国的禅与文化为目的留学僧们，毫无例外都拜中峰为师，据说人数达到七十余名。

有两位僧人继承了中峰晚年的遗志，将禅院庭园的营造回归本来的状态，改变了南宋以来的颓废之势。其中一人是来自日本的留学僧业海本净，1325 年回国，1348 年在甲斐的山中建立了栖云寺，并修筑石庭用于坐禅。另一位就是后面故事的主人公，1342 年在苏州修建狮子林庵庭园的天如维则。

2. 狮子林的诞生

中峰于 1323 年去世。其后很长一段时间，元朝因其内部各方势力的纷争，开始走向衰微。看穿这些时局的天如维则走出天目山，在苏州营建了小庵狮子林。当时的苏州是汉民族文化的中心地区，即便元朝已现颓势，却仍然不放松对汉民族的监视。在这样的情况下，相比于传教布道活动，天如首先去安慰那些苦不堪言的汉族民众，并且费尽心血鼓起他们的勇气。他感到，为了重建汉民族的国家，最为重要的是首先将汉民族的人心凝聚在一起。

这些活动中的一项内容，就是在狮子林庵北侧的空地上营建庭园。因为他考虑，如果是寺院的庭园，汉族市民应该也能自由地在此见面聚会。天如将这一计划跟一些主要的文人们商量，把居住在苏州的画家们都召集在一起组成发起人，并且获得了民众强有力的支持和协助，庭园最终于 1342 年内完成。

寺院内侧的空地，曾是宋代的庭园旧址，而且还留有当时庭园内的竹林和山石等物。因此，造园时就尽可能地利用这处庭园遗址和废弃的材料，再现了这座宋代的庭园。此园还开设了昔日东晋王羲之在兰亭举办过的曲水之宴[1]，就像王羲之借此追思故国西晋时的繁华岁月一样，对于苏州市民们来说，这座庭园就成为对汉民族古代美好时光的怀念和追忆。模仿（王羲之）这一故事营造庭园，对汉民族来说是非常传统的事情，但是元朝那些没有这方面修养的官员却无法理解。因此，当时来此园游玩的汉族市民们，私下里对那些元朝的官员充满了优越感。

后来，狮子林庵改名为菩提正宗寺，成了正式的寺院，但是庭园却以狮子林的名称一直沿用至今。关于狮子林这一名称有多种说法，如“中峰明本在天目山时住在一处名叫狮子岩的地方”。还有与其完全对立的说法，称“释迦说法称为狮子吼，说法的座位称为狮子座，故佛教修行的场所叫作狮子林”。但是，从徐贲绘制的狮子林图来看，内有作为庭园标志的山石“师子峰”，这是将中峰明本的“师”和狮子的“狮”通

1 东晋王羲之召集的兰亭之会，实际上是模仿西晋时期石崇在金谷涧别墅庄园中组织的送别会。因为东晋是西晋的亡命政权，（文人）借此追忆故国的繁荣岁月，具有发誓重建昔日故国之意。天如维则再现宋代的庭园，也是在效仿兰亭之会的做法。

用了。我认为这样兼容双方的解释比较恰当。

很容易想象，狮子林并不只是单纯的寺院庭园，而是想方设法让汉族市民灵活使用的。特别是把它跟南宋以来不断堕落的禅宗寺院庭园相比较时，就会注意到它被赋予了全新的目的和生命，并因此而面目一新。

幸运的是，当时参与策划狮子林造园的那些画家们画出了狮子林图，其中从倪瓒和徐贲的绘画，可以探寻往日狮子林的真实面貌。

3. 倪瓒的《狮子林图》（图 26）

倪瓒（1301—1374 年）是一位奇人，留下了众多的奇闻逸事。其中经常提及的便是他对元朝的厌恶。相传有一年倪瓒接到了衙门催缴税赋的通知。他平日里对元朝政府的蛮横态度早已义愤填膺，这个催缴通知更令他感到格外羞耻而完全丧失了平静，遂将全部财产分赠给身边的亲朋好友，自己跑到太湖一带过起了放浪形骸、清贫自乐的生活。

倪瓒出生于无锡，因家境富裕，一直过着绘画自娱、优雅从容的生活。因为只要不服从于元朝的统治，就无法当官建功立业，所以他曾感叹这是人生最大的不幸。由于这种根深蒂固的思想，身处元代的他，一直过着流浪的隐居生活，绘画也只是表现那些孤独寒寂的风景。他的这种画风和人格，在元朝唤起了那些受尽欺虐的江南人民的共鸣，据说在当时，

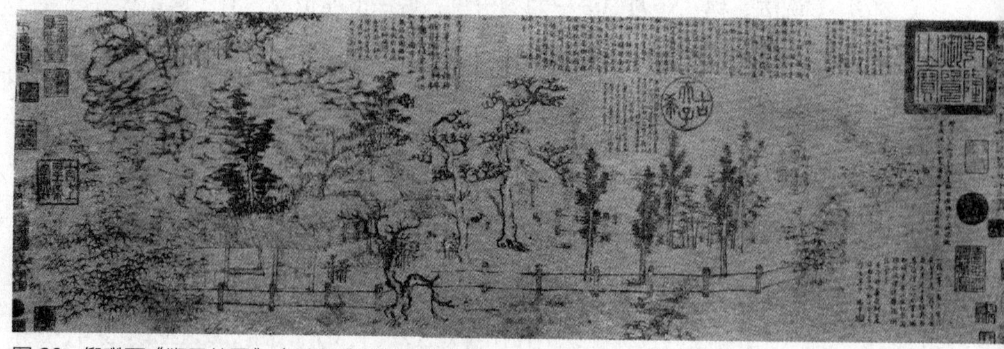

图 26　倪瓒画《狮子林图》（引自《江南园林志》）

是否收藏有倪瓒的绘画，成为决定一个家族身份地位的标志。

由此可以想象，参与策划狮子林造园的画家中的代表人物大概就是倪瓒吧。

倪瓒在进入明代以后的第七年去世，去世之前（1373 年）描绘了《狮子林图》。这一年是狮子林建成后的第三十一年，至于为什么倪瓒到了如此之晚年才描绘狮子林，有学者认为：营建狮子林一事，蕴含着复兴汉民族国家的悲壮愿望，而这一悲愿借助明洪武帝的威武之势才得以实现。从这种意义上说，倪瓒或许是为了向洪武帝奉表感谢之情才绘制了此画。

先不说这一见解是否可信，此画到底是描绘狮子林当初建成时的模样，还是进入明代之后的样貌？与后面将要看到的徐贲的画相比，此画显然是更加朴素的庭园，大概就是刚建成时的样子吧。尽管此画非常朴素，但绝非看到的那样像张草图。毫无疑问，此画是作为文人的心象风景来精心描绘的。

看到这幅绘画的第一印象，就是普通的树林而看不见庭园。由此可知，初期的狮子林大概是再现宋代风格，相当朴素的庭园。然后看见树林周围有木栅栏环绕，木栅栏的右端好像有个门，这应该是寺院和庭园相连的门。所以，这座庭园是寺院所有的财产，与文人庭园独立于住宅一样，是从寺院中独立出来的。另外，整个画面从右向左上升形成细长的三角形构图，这一构图正好表示进门后面朝左方，向树林中探寻张望的视线方向，也就是环游的路线。在这条线路上，一边看过几间简素的建筑，一边登高前行，三角形构图的左上方形成一处高地，一座厅堂端立在最突出的石台上。如果在普通庭园中本该是座中空的四方厅，然而此处却是一座用墙壁隔开的堂，我想这也许是祭祀中峰的庙堂。换句话说，这种从右至左逐渐上扬的构图，是将祭祀中峰的庙堂作为最高潮，从而使人感受到宗教氛围的精心处理。在文人庭园中，这种庙堂会成为景色切换的转折点，但在这幅绘画中却无法明确读出这层含义。

我对这幅画感到最不可思议的是，这座庭园中没有描绘任何湖池、溪流之类的水景。被称为水乡的苏州，无论哪座庭园都可以随意地取水。狮子林位于水路交错的市区不可能取不到水。那么庭园里没有水就显得颇为异常。

陈舜臣先生在《中国画人传》中提到，一般人看到倪瓒的绘画《渔庄秋霁图》（图 27），会发出“画中什么都没有啊”这样的惊呼；再进一步，针对画中以皴染的笔触描绘出的树木，无人的原野，分不清是水面、天空，抑或云霞的大量留白，陈先生描述说：“倪瓒无疑是想有意识地从自己的作品中去除‘湿润之气’。思来想去，再没有任何绘画像他的作品那样，令我们渴望从中获得‘湿润之气’。”

以陈先生的“再没有任何绘画像他的作品那样，令我们渴望从中获得‘湿润之气’”这句话作为暗示，我更加确信狮子林中没有水池，而提出这一建议的人正是倪瓒。那么不修水池的理由则应该是：暗示

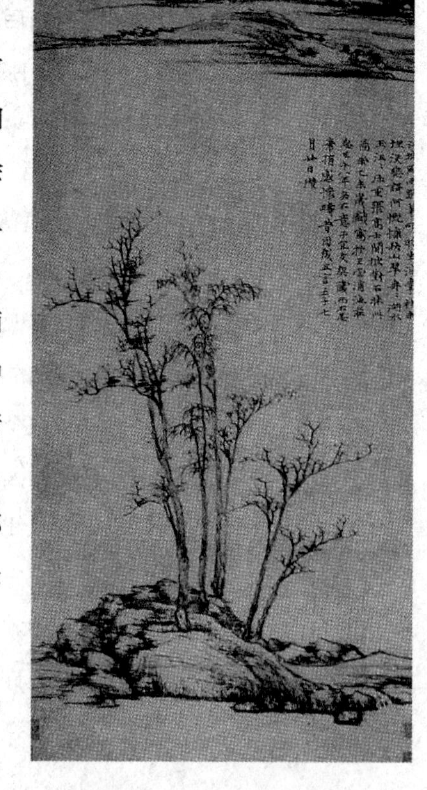

图 27　倪瓒画《渔庄秋霁图》（引自《中国画家传》）

着江南民众对于汉民族国家复兴的“渴望”心情。

4. 徐贲的《狮子林图》

徐贲，字幼文，四川人，居住在苏州，是擅长山水画的画家。他于1386年绘《狮子林图》（图28），比倪瓒的狮子林图晚了十三年。这些画描绘的是明代初期狮子林的状况，当时的狮子林从菩提正宗寺改名为承天能仁寺，住持是如海禅师一代。

关于绘制此图册的原委大致是：徐贲从友人姚荣公广孝处听闻，荣公虽曾以禅僧身份师从于承天能仁寺的如海法师，但一直没有忘怀政治。于1385年经过考试而被召入京师。为官之后曾“以少师还吴，访其师于师子林为所拒。至夜漏深，以微服往后门求见。有僧瞑目端坐止，以手扪其顶，与曰，和尚留得此，撇下自己事欲去管别人家事恁么？荣公怃然而去。”徐贲听到这话，才知道曾经的狮子林已经整治成如今寺院庭园的形式，怀着对其变化的兴趣，去狮子林探访实际情况，于是绘制了这册手卷。

因此，通过观赏徐贲的绘画，就可以了解狮子林从元代至明代发生了哪些变化，遗憾的是，我能看到的只有十二景中的四景了。

（1）大门附近

倪瓒画中简单朴素的庭园木栅栏，经过半个世纪的变迁已经变成了坚固的墙壁。这幅画中有趣的是，一座建筑贯穿在墙壁中间，建筑之内与庭园之外各有一人正在隔窗对话。那些将日常性和非日常性区分开来的文人们，是不会考虑这样无视庭园边界的建筑的。但是对于生死如一、坚持修行的禅僧来说，不去区分日常的世界和非日常的世界，或许就是理所当然了。

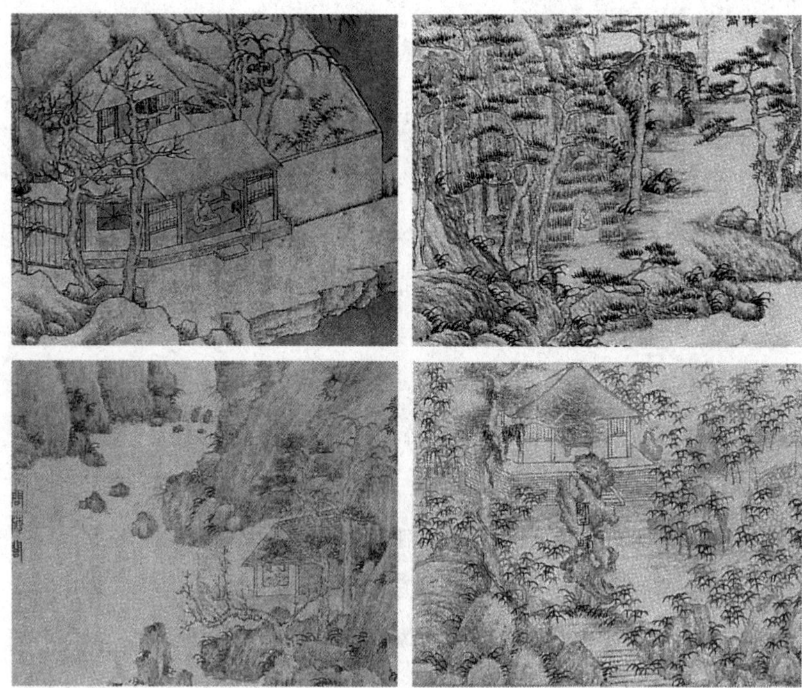

图28 徐贲画《狮子林图》中的四景（引自《至善园游踪》）大门附近、禅窝、问梅阁、师子峰

（2）禅窝

此画表示的禅窝位于树林之中，以茅草做成类似寒牡丹防护棚的形状。但是如海禅师却坐在路旁。无论在寺院里还是庭园中，禅僧的这种修行都贯穿在平时的行住坐卧之中。但是文人在庭园是沉浸在老庄的幻境里，而在庭园外却是过着受儒教仪礼束缚的生活。

（3）问梅阁

第三幅画是问梅阁。画中描绘的是位于山谷间的梅树和一户人家，窗边有个人正在赏梅。问梅阁的名称取自唐代王维《杂诗》中“来日绮窗前，寒梅著花未”的诗意，这首诗由旅途中的丈夫和思念夫君的妻子的问答两部分组成。有一种解释说，这首夫之歌与被元朝军队俘获的文天祥怀念宋室的心情极其相似。

夫之歌：君自故乡来，应知故乡事。来日绮窗前，寒梅着花未。

妻之歌：已见寒梅发，复闻啼鸟声。心心视春草，畏向阶前生。

（4）师子峰

最后一幅是狮子林的标志师子峰附近的景色。师子峰被山石环抱，藤萝缠绕的古树之下是一片竹林。师子峰前面的高台上有一座厅堂，从它旁边附设小堂的形制来看，大概这就是中峰的祭祀堂。

有趣的是，问梅阁附近是以其惯用的山水画技法描绘的写意风格，而师子峰附近却是写实的描绘。在同一部手卷中为何笔法相异呢？我认为是由于问梅阁一景的文人要素更强，所以使用文人画的写意技法一气呵成；而师子峰则完全是禅林特有氛围的景观，因此怀着记录的心态描绘而成。

师子峰是庭园的中心景观，如果在文人庭园应该是园主人胸中丘壑的象征，而在此处却象征着中峰禅师。这正符合中峰明本作为菩提正宗寺名誉创始人的身份。于是在徐贲所绘的师子峰图中，可以看到“师子峰”三字带有师承关系的意象。

以上就是今天仅能见到的四幅绘画，至于后面剩下的八幅还隐含着什么寓意，就等着能看到的那一天吧。

二、今日的狮子林介绍

今天的狮子林以其数量众多的太湖石而闻名。这些湖石形成造型奇特的景观，对中国人来说是怀旧之情，对外国人来说，这些中国的幻象充满异国情调。所以，如果你想尝试体验这种幻像，只要到狮子林去转一圈就一定会得到满足。

但是，那些并不满足于此的人士，就听听我的犀利批判吧，因为下面介绍的狮子林，早已超出了古典庭园的常规。

1. 狮子林的历史

（1）草创期

在元朝的命运即将走到尽头的 1342 年，禅僧天如上人走下天目山，来到苏州建起了狮子林庵，为了鼓舞被元朝欺压的市民们的勇气，在庵北侧修筑了名为狮子林的庭园。

（2）明代

1368 年元朝灭亡明朝兴起，明朝对外实行以华夏思想为基础的朝贡政策，在国内则采取高扬民族主义等强硬的态度，因此狮子林也借着这股时代的潮流，以抗元的庭园而一举成名。

1373 年，菩提正宗寺与承天能仁寺合并，狮子林也成为寺院所有财产。

进入明代后期的嘉靖年间，有记录称弥陀堂以北被某户人家占据，到了万历年间，寺院复建为圣恩寺，狮子林又成为该寺的院产。

在明末清初的动乱时期，狮子林归黄氏所有，改名为涉园，并开始在园中收集太湖石，之后又从民间回归为寺有的财产。

（3）清代

清朝康熙至乾隆年间，康、乾二帝多次巡幸狮子林。康熙帝曾赐额“狮林寺”；乾隆帝为园中亭子赐名“真趣”，为寺院赐名“画禅寺”。乾隆帝还以狮子林为原型在北京圆明园建狮子林，又在承德避暑山庄建设了文园狮子林，狮子林因此而驰名全国。

进入清代后期，看重狮子林名声的商人和地主们携万金争相求购，经过多次转手买卖之后，收藏的湖石塞满了庭园，建筑物也更加富丽堂皇，充满暴发户的奢靡趣味。

（4）近现代

在这些富豪几经转手之后，狮子林的最后一位所有者是贝润生。他为了将狮子林作为家族的宗祠，于 1917 年开始用了近 7 年时间进行了大规模的整修改建。改建概要大致为：庭园的东侧作为家族的宗祠，并开设教育子弟的宗学；扩充了庭园西侧的基地，并修筑大型假山；将庭园内的建筑全部改建成大型建筑，并且数量增加一倍。

这就形成了今天的狮子林（参照卷末平面图），中华人民共和国成立后，贝氏将狮子林捐赠给苏州市政府，由苏州市进行重修后，向公众开放。

另外，由于狮子林在贝氏时期变成了贝氏家族宗祠的附属庭园，从这层意义上很多庭园介绍都把狮子林当作宗教庭园。而原来的寺院曾以狮林寺之名一直存续到 20 世纪前半叶，如今早已被完全废弃了。

2. 太湖石的游乐场

（1）从前庭开始

狮子林离拙政园很近。从安静悠闲的街道进入狮子林的大门，正面上方是气派的狮子林匾额，这是贝氏宗祠的大厅，后面还有宗祠和宗学，不过无法进入内部。

横穿过大厅就来到燕誉堂前。燕誉堂是华丽的四方形大厅，窗户镶嵌着彩色的玻璃，堂前有前庭，堂后还连接着一个带有前院的小方厅。这种沿着中轴线排列建造的方式不是庭园的做法，而是宅邸的布局，也许因为客厅是附属于威严的宗祠吧。但是，这座庭园整体都是以令人仰视的方式迎接客人的。

小方厅后的内庭有一座大型的太湖石峰，令人联想到狮子；穿过旁边海棠型的洞门就是揖峰指柏轩的前庭。指柏轩是该园主要的会客大厅，是两层的大型建筑。正如揖峰指柏轩名字所表达的，穿过前庭，对面就是冲天的古柏树林，林中堆筑着巨大的湖石假山。

（2）石林

在一丈多高的柏树林中，千姿百态的太湖石峰和石笋争奇斗艳。假山顶部明显偏向东面，从山顶延伸出来的山脊线，一直向西延长形成巨大的假山，山脚则浸在池水中。

石林中被称为湖石名峰的有：顶部卧云室附近的主峰师子峰、含晖、吐月、玄玉、昂霄等诸峰。然而，若想找到这些石峰并一遍走下来却并不容易。究其原因，山路曲折而复杂，时而下到谷底，时而上到山洞，全山的径路就像游乐场一样来回盘绕，形成一个巨大的迷宫。行走之间总算看到一座朱漆的建筑，这就是山顶的卧云室，再往东有一条近道能到达燕誉堂前。

关于这片湖石群峰的形制，北川桃雄先生在《庭园之都·苏州》（中公美术刊行《中国美术之旅》）的文章含蓄地表述道："它具有奇特而执着的表现，是石狮群组成的异样的交响乐。"而中国专家则更加严厉而明确地指出，这种过分注重游戏的构筑方式，是"不得假山之体"。因为"不得假山之体"，所以我也就不称这片湖石群峰为"假山"而称其为"石林"。

但是在旅行社的导游介绍中却说："狮子林这座湖石假山，与一般普通庭园中常见假山的构筑方式不同。它罕见地采用了与云南名胜石林相似的构筑方法，因此专家不称其为'假山'而称'石林'"。当然选择哪种解释是个人的自由，但作为参考，让我们听一听清代乾隆时期之前对太湖石林的批评吧。

清代小说《浮生六记》的主人公，曾对乾隆时期的狮子林发表了这样的感想："其在（苏州）城中最著名之狮子林，虽曰云林手笔，且石质玲珑，中多古木；然以大势观之，竟同乱堆煤渣，积以苔藓，穿以蚁穴，全无山林气势。以余管窥所及，不知其妙。”（引自沈复《浮生六记》，江西人民出版社，1981 年第 2 版）

此时的狮子林已得康熙、乾隆二帝的行幸，而成为苏州城内最有名的庭园。对于获此殊荣的狮子林，作者却严厉批评说“全无山林气势”，还说“不知其妙”，想来并非只是在批评太湖石林的构筑方法；而是在暗中批评乾隆皇帝对待当时狮子林的态度和方式。

如前所述，狮子林从明末开始变得世俗化。明明知道狮子林是如此的状况，康熙帝和乾隆帝还先后十二次巡幸于此。

究竟是为什么呢？这是清朝皇帝为表现自己对汉民族文化的理解和尊重所做的宣传而已。这本无可厚非，但是其结果却很糟糕。每次巡幸都要莅临狮子林，狮子林的名声日渐高涨，造成太湖石的名气和价格反弹，湖石越来越稀少，逐渐成为贵重的材料。所以只要倒卖太湖石就能成为暴发户，他们为了满足自己的表现欲，大量购买、囤积太湖石，并营造富丽堂皇的庭园，因此形成了清代被称为咫尺山林的、骄淫奢靡的造园风潮。换言之，“这股风潮的元凶正是乾隆皇帝”。

以上就是《浮生六记》的作者想要说的，如果直说肯定会掉脑袋，因此作者借皇帝没有触及的湖石峰林，对乾隆皇帝大加赞赏的狮子林提出严厉批评，暗中则揭示出，皇帝巡幸狮子林是颠覆世间审美观念的行为。

清代就是这样一个疯狂的时代。文人所具有的传统审美意识，已经没有了表现的舞台，造园已经成为受金钱权力支配的炫耀虚名的手段。而这种造园风潮的标志就是狮子林。

3. 丧失的“真趣”

（1）荷花厅的平台

从揖峰指柏轩向西行进，就是回廊环绕的古五松园。狮子林曾经一度被称为五松园，苍松高耸挺立的回廊内侧，至今还保留着当时的风情。

在一处廊子中漫步，不知何时就来到了古五松园南端的荷花厅。荷花厅的南侧是一处悬挑到水池中的平台，纤细的栏杆倒映在深邃沉静的水面上。这里是狮子林中最安静的空间，可以让时间停滞（图 29）。

从平台向对岸望去，山脊从石林顶部向西一直延伸，逆光的阴影之中，太湖石的剪影轮廓使人幻想出各式各样的群像，把这些想象成狮群都太过平庸了。我回想着原本是禅寺庭园的往昔岁月，觉得它们更像是众罗汉的群像。罗汉作为印度小乘佛教的行者们，是何时来到中国住进禅门的呢？看着那些立在水中怒目冲天的老丑身影，不知不觉又恍惚变成了八仙在海中争渡的身姿。

不管是罗汉还是神仙，这种老丑的形态在中国还是很盛行的。反之，这里是很难产生童话的国度。西欧童话中的女巫明显是坏人的角色；而

图 29　荷花厅平台前一湾静谧的池水

在中国，与女巫相似的老丑形象却会受到尊重。于是，当看到狮子林这些奇形怪状而丰富多变的太湖石，就会感慨这些原本在湖底经历过千万年的湖石，只不过是为了追求老丑的象征罢了。对于湖石的浓厚情思，还是留园更胜一筹吧。

（2）真趣亭

乾隆帝赐予寺院的画禅寺一名很是秀逸。这是因为狮子林是禅僧天如和画家们协力建造的庭园。但是，乾隆帝在南巡所到之处总想着到处题字，这其中就有几次失败的例子。

荷花厅西面的一个亭子上，悬挂着以蓝底金字书写的“真趣”匾额，这是乾隆帝的御笔。皇帝来到狮子林在此亭休息时，由于旁边的大臣说了句“这里的视野是狮子林最好的”，皇帝马上就取来笔砚写下了“真有趣”。大臣接过字仔细端详着说道：“圣上这字太棒了！为了留作纪念，请陛下把中间的‘有’字赐予微臣吧！”皇帝立刻应允，将重新改写的“真趣”二字赐予了庭园的主人。

这个故事的绝妙之处是语言的游戏。“真有趣”是形容程度，而“真趣”，就成为文人隐逸思想的最高境界。因此，辅弼大臣的机智化解，避免了乾隆帝因轻率举动而造成的笑话；另外也有人认为，因辅弼大臣这种外交辞令化的奉迎智慧，妨碍了乾隆帝审美观的正常发展 。

上面的故事只是一个小插曲，从《乾隆帝南巡盛典》中的古画（图30）来判断，真趣亭当时的视野与如今的现状还是有相当大的差异。

由于亭的南面都是水，首先它拥有狮子林中最长的视野范围。但是，过去水池的西岸是平坦而没有假山的，横向的视野非常广阔；而如今的水面完全变成了溪谷，就无法感受到当年的开阔了。

不仅是视野变得狭窄，还在前面的水池中架设了曲桥和亭子，虽然可以像神仙那样享受在水上漫游的乐趣，但也因为有了此桥，而明显阻

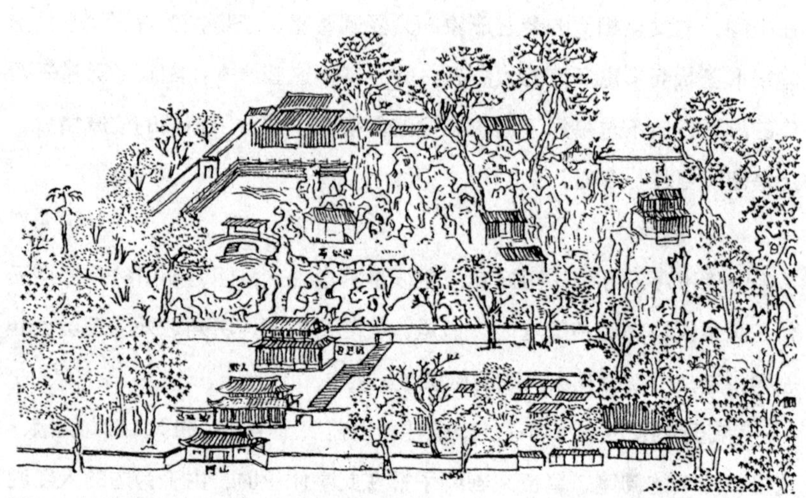

图 30　乾隆时代的狮子林（引自《古代苑囿》）

碍了视线向远处延伸。

过去的真趣亭在北岸非常醒目，如今却被一些两层建筑围在中间。因此该亭最为著名的朝日夕阳之景，如今已经无法看到了。

真趣亭前面的水池虽然比过去宽阔了，然而却在变宽的地方设置了一艘混凝土的大型石舫，水池也因此变得狭窄了。

以上就是我的一点看法。即使乾隆时代的山景被称为“乱堆煤渣”，不过当时真趣亭外的水景，多少还是有些可看之处的。那么这种糟糕的变化究竟是谁的责任呢？

4. 惊人瀑布的出现

（1）问梅阁

从名为暗香疏影楼的建筑的二层转入回廊，就可以走到西部高处的假山山脊。位于这条回廊假山路线中心的建筑就是问梅阁（图 31）。

问梅阁内的所有物品，包括窗框、桌子、椅子等，都被执着地做成了梅花形状，外面也种有梅树。从徐贲的《狮子林图》来看，明初前后

图 31 新设置的西部假山与问梅阁

的问梅阁还是位于溪谷之间、田园风格的单层房屋，正好适合王维诗中旅途中的丈夫与独守空房的妻子，通过梅花表达相思之情的主题。但是今天的问梅阁却建在气势恢宏的假山顶上，是座威风凛凛的两层楼阁。也就是说，它与狮子林东侧的宗祠并列，已经成为新园主贝氏的纪念物。

（2）三段瀑布

但是，贝氏觉得只是建造和放置一座纪念物还是太无趣了。他所想的是利用这座建筑营造一挂瀑布。但这就产生问题了。

在山水画的世界里，将几股溪水合在一起形成落瀑，代表着将儒、释、道的学问融为一体变成自己的囊中之物，这是文人修养高度的象征。但是在地形平缓的江南地区，庭园中筑起高耸的岩石假山来营造瀑布的做法，容易被指责为不自然。但自我表现欲强烈的贝氏并不在乎这一切，还是做了瀑布。

他在问梅阁二层的天棚里就设置了一个巨大的蓄水槽，水从山顶落下，形成了三段瀑布。为了观赏这条瀑布，还在瀑布落水口的对面设置了飞瀑亭，北岸建造了听瀑亭，池中央设置了观瀑亭（湖心亭）。这正是“前言”中引用的法国达鲁库尔公爵所说的“推开窗户看到可怕的瀑布！”景象在现实中的再现。

（3）南回廊

从问梅阁出来沿回廊向南走，相继遇到双香仙馆、扇亭、文天祥诗碑亭、御碑亭等小亭子。

根据《乾隆帝南巡盛典》中的图，这一带曾有墙壁或围墙分隔寺院与庭园，墙壁中曾有庭园的入口。因此，今天从这里看到的狮子林南面（的景色），是过去进入狮子林大门之后最先看到的景观。

在此门的一侧有文天祥的诗碑，因文天祥（1236—1283年）是南宋的抗元英雄，所以这恐怕不是在狮子林最初时期，而是明代以后建起来的。恕我愚钝，无法读懂这一诗碑，只好等何时有机会再来确认。根据上述情况，狮子林对我来说还有待于更进一步的研究啊。

第六章
无锡寄畅园

一、寄畅园与《寄畅园记》

城市山林逐渐颓废，其物理层面的原因是地处城市之内，缺乏自然环境，不可能营造理想化的自然山水式庭园。那么假如自然环境优越的话会怎样呢？本章就针对这个问题，来看看无锡的寄畅园。

1. 取水

渡过无锡市区西部的运河来到无锡的名山惠山脚下。在平缓的扇形山麓上，以锡山这座繁茂的小山丘为中心，形成了锡惠公园一大片景观地区。寄畅园位于该公园东北角，面积约一万平方米的古典庭园（参照卷末的无锡名园位置图）。

寄畅园的前身叫凤谷行窝，是由明代中叶的官员秦金购得惠山寺界内的一部分而创建的庭园。该园在明朝后期进行修筑时，改名为今天的寄畅园，当时的文人王稚登写下《寄畅园记》，记载了创建当时的造园情况。

“寄畅园”者，梁溪秦中丞舜峰公别墅也，在惠山之麓。环惠山而园者，若棋布然，莫不以泉胜；得泉之多少，与取泉之工拙，园由此甲乙。秦公之园，得泉多而取泉又工，故其胜遂出诸园上。

园记从开头就述说此园最大的特征是取水之事，并对秦金为此付出的劳苦和取得的功绩大加赞赏。要想知道秦金取水的劳苦，就必须了解文中所说的“惠山名水”的性质。

惠山名水一般以“天下第二泉”（略称二泉）而名闻天下，因为唐代陆羽遍寻天下名水、并从中排出宜茶之水二十等次时，该泉被列为第二级。其地处唐代惠山寺境内，故也称“惠山泉”，该泉有上池、中池、下池三池，特别是上池的水质兼有甘、香、重、滑的特色，自古以来就被当作惠山涌泉之首。

此泉还因其涌出的方式极其特殊而闻名。要想了解这种特殊性，只要静静地听一下《二泉映月》，不知不觉就会感受到这一涌泉的深邃幽玄之妙。《二泉映月》就像日本的《荒城之月》一样，是中国人最熟知的曲目之一，是由盲人音乐家阿炳创作的二胡名曲。于是，“盲人眼中的冷泉月影”这一神秘的场景设定，就成为解开这一谜团的关键。

我查阅书籍资料之后发现：盛产这种名泉的惠山，是由中生代白垩纪的造山活动形成的，石质为乌铜石英砂岩，具有极其坚固的质地，蓄水性又非常高。无数水滴滞留在坚固的岩层裂缝中，慢慢汇集之后就从岩石表面渗出，再汇成此泉。所以虽然称作泉，却与从地下汩汩涌出的泉水完全不同，其水脉似有似无，捉摸不定，也根本无法确定水滴以何种形态潜藏在地下或岩石中。因此当地人称其为石泉水，也称浮泉。

秦金对这种泉质做了详尽的研究，在惠山寻找泉源，将泉水以数条细流引出，并将其全部汇集到叫作“锦汇漪”的大池中。这个水池偏卧在南北狭长的庭园东部，掘池挖出的土则堆在庭园靠山一侧，形成惠山延续下来的丘陵。

今天，在林木覆盖的丘陵中间有一条细窄的溪谷，在其曲折幽深的黄石河床中，流淌着一股涓涓细流，忽而汇集成涧，忽而湍流潺潺，水声经过岩壁的反射演奏出美妙的音色，因此被称为“八音涧”。这股溪流成为锦汇漪的水源，八音涧也就是秦金为取水而付出辛劳的象征。

2. 背山临流之庭

园记随后叙述了园中景色的概要，之后，又再一次谈及庭园的构成要素。

大要兹园之胜，在背山临流，如仲长公理（即仲长统）所云。故其最在泉，其次石，次竹木花药果蔬，又次堂榭楼台池籞，而淙而涧，而水而汇，则得泉之多而工于为泉者耶？匪山，泉曷出乎？山乃兼之矣。

（引自《园综》，同济大学出版社，2004）

王稚登的名篇以泉源为出发点，在叙述了构成庭园景观诸要素间的相互关系之后，指出正是为庭园提供水源的惠山，才是各种要素的统领，并以“背山临流”作为概括之语。

“背山临流”一词出自《后汉书》引述仲长统的文章《乐志论》中的词语，其起源大概可以追溯到1～2世纪。后世将其适用范围不断扩大，不仅应用于田园宅邸，也成为筑造城池和营建坟墓时占卜吉相的语言。

这种占卜土地吉凶之事称为“看风水”，一种说法认为“风”指天文气象，“水”则指动态地把握山与水之间的关系；因此，“背山临流”就不仅仅是指有山有水即可，而是要求观察“降雨—雨水在山中蓄积—汇成河川滋润山麓”这样一种天文、地理的相互关系。

所以，园记将园内景观构成要素之间的相互关系，按照“风水”观念依次展开，就形成“泉—石—各种植物—建筑等的人间环境—水池竹篱等各种设施”的次序。因此可以认为，寄畅园是一个生态系统，上述园记对这一系统做出概括，并提出“匪山泉曷出乎”的疑问，在将寄畅园当作以惠山为中心的生态系统时，也首次揭示出惠山是孕育生命之所。

山所具有的气（灵）的流动称为山脉，象征山脉的就是龙。龙得云，则山脉与气象合而开始活动，象征这种活动的就是水。水可流动，若蓄积则成为龙活动的能量（山气），故山中有泉湖之水涌出则成为灵山而受到崇拜，这就是有泉水涌出的惠山之所以成为无锡名山的原因。

惠山是海拔329米的平缓山丘，由于顶部有几处高低起伏而被称为“九龙山”。它被当作无锡的守护神而备受尊崇，究其根源大概来自于“风水”观念中对龙的信仰。

由于“风水观”把自然和人类联系在一起考虑，围绕惠山的生态系统当然也就包括了无锡的市区部分。反过来说，无锡城是在惠山和太湖之间，选择了这块背山临流的基址营建起来。无锡城拥有同样背山临流的格局，所以，寄畅园这种一山一池的布局，也就成为无锡城的象征。

“看风水”这一做法，在科学尚未发达的古代，具有一定的科学性。不过，后来引入了阴阳五行学说，以及天干地支、占星术等各种占卜思想，“风水观”也慢慢丧失了初期自然观察的原始精神，逐渐堕入迷信的深渊。因此，这也成为推动以建筑为主的造园趋势的表层原因。举例来说：根据金木水火土相生相克关系进行占卜的五行之说，即使不到现场勘察庭园的自然环境，只要在桌子上占卜就可以了。还有根据方位说营建庭园时，首先要在庭园中心设置厅堂，再以堂为基准占卜四个方向的“吉凶”，并适当配置山水景物，这种方法就是无视自然环境、以建筑为本位的造园（风格）之所以流行的原因。

另外，“风水师”从有利于自己的立场出发，宣扬“逆风水则作祟”，也就是“禁忌”，为了使禁忌的事项能到处传播，庭园就发展出了匠师传承的定型化做法，而阻碍了独创性造园的发展。这些影响也传到了日本，在平安时代记载造园技法的《作庭记》一书中，就有“立石多有禁忌。即使一处犯了禁忌，也会导致主人时常生病，遂致命丧，住所荒芜，必成鬼神居处”的说法，之后又列出了二十九条禁忌的事项。江户时代的造园家不仅绝对重视这些禁忌，而且只重复建造那些匠师传授的吉祥寓意的样式，这就使大名喜欢的豪华奢靡的庭园流行开来。此时的中国，造园也同样正在丧失独创性，流行咫尺山林的恶俗趣味。

3. 景观赏析

正如园记中记载的“又次堂榭楼台池籞”那样，庭园之中的人工环境与自然环境同样必要。在中国庭园中，自古以来就有静观之处必置屋宇以远眺山水的习惯，那么通过寄畅园中建筑的存在方式，就可以考察建筑与山水之间的关系。

秦金建造的凤谷行窝，据说是由惠山寺的两座僧堂改造的，实际上当时的建筑物究竟如何已无人可知。过了大约百年之后的明末时期，秦耀将凤谷行窝进行了改造并更名为寄畅园，由当时王稚登所写的《寄畅园记》可知，园景的数量大约有二十处。这一数字几乎是现在寄畅园景的两倍，因此认为建筑的数量大概也是现在的两倍。

进入清代，康熙、乾隆二帝南巡途中数次行幸于此，为了接驾曾几次对建筑施行增建改造。当时的绘画（图 32）省略了大量的建筑，建筑的状况就只有一些文献可资参考。根据这些文献，建筑似乎集中建在水池的东岸至南岸，水池西岸则全部被自然空间包围。相传乾隆皇帝南巡途中到访该园，从东岸的亭子眺望西岸的自然景观，并对此大加赞赏，可见自然景观作为该园的命脉是何等重要。不过，这些建筑在清末的动

图 32　清代寄畅园之图（引自《古代苑囿》）

乱时期几乎全被破坏了，如今的建筑都是战争后修建的，已经没有了清代鼎盛时期的影子。那么我们就一边回顾当时的情景，一边在园中游览观赏吧。

今天，庭园的出入口有南侧面朝惠山寺参道的大门和庭园东侧的东门，而从清代中期的绘画可以确定只有东门。如今，东门的内侧有一条回廊，可马上通到知鱼槛；而过去，水池东岸密密麻麻地排列着很多建筑。

知鱼槛是观看园中山水之景最重要的静观点。郁郁苍苍的树木之上，微微露出惠山的山顶轮廓，由此可以想象，当年为了赞颂惠山的恩泽而营造出的这座庭园的风貌。水池的右侧架设七星桥通向自然景观区。

知鱼槛的南侧有名为郁盘的亭子。相传这里是乾隆帝与惠山寺僧人对弈的地方。除此之外，过去还有添置有回廊的霞蔚书斋，以及观赏初升之月的先月榭等。

离开大池向东南方向步行，惠山寺的古泉池就在道路尽头，在这附近建有一座三层的凌虚阁，在那里可以一边看着来惠山寺参拜的善男信女，一边度过休闲时光。这座建筑今已不存，与它紧邻的就是南大门附近的建筑群。

从七星桥向北，有为连接水池东岸和北岸而架设的曲桥和曲廊，这一带让人联想到拙政园第四景区的循环水廊。拙政园的水廊是为戏水而建的，当时沿着回廊漫步的体验至今依然如梦一般。过去，这里也有座三层的高楼，不仅在水平方向，还可以在立体方向上享受展望之乐。

从回廊向西就到达树林之中的嘉树堂。嘉树堂如今已变成了茶馆，是去水池西岸假山之中散步游览的好去处，从七星桥看过去正好建在北极星的位置。

从嘉树堂往西步入八音涧的谷间小路，到达假山最高处会看到一座梅亭。这里虽是西岸的一处静观点，但位于树林之中，所以无法展望。

正因如此，注意力就会转向树林间流淌着的八音涧，思绪在这奇妙的惠山泉水之间驰骋。

假山的树林中间道路纵横，可在其中长时间散步。假山全部由黄石与土混合堆筑而成，与惠山的土质相吻合，所以散步时感觉就像刚从惠山游玩归来。

来到水池的西岸，站在水边的鹤步滩来看一看吧。

鹤步滩与东岸的知鱼槛隔池对峙，是眺望水池东岸众多建筑群的重要节点。但这也是过去的事了，如今东岸只有零星的几座建筑，能勉强怀念一下往日的情景，知鱼槛就是其中最明显的建筑。鹤步滩的岸边随意地摆放着几块汀步石（飞石），能激发起游客的好奇心，想要踏石步入池中，更好地欣赏对岸的景色（图 33）。

图 33　鹤步滩的远眺之景。始自脚边之飞石，及至锡山之塔影

对岸的一系列建筑群，实际上承担着连接惠山的自然环境与无锡的城市街区的作用。东部建筑群的另一侧就是街道，街区紧挨着苏杭大运河的码头，然后就与无锡市区连在一起。目光转向南面，笼罩着池面的茂密树林之上，能看见远处锡山柔缓的轮廓线，锡山传承着无锡的历史，山顶耸立的龙光塔是无锡的象征。所以，站在鹤步滩遥望对岸的建筑群，就意味着在包括惠山、无锡、太湖在内的惠山整体生态系统中，确认现在的自己，或者说寄畅园。

从鹤步滩远眺锡山上的岩石，传说曾发现刻着“有锡兵，天下争；无锡宁，天下清” 的石碑。

二、寄畅园主的庭训

在中国，一提到庭园就是不够果敢的代名词，但无锡的寄畅园却是例外。自明代中叶创建以来的 4 个世纪之间，一直都是秦氏一族精心地守护着该园。他们是如何做到这一点呢？接下来就对这个谜团一探究竟。

1. 凤谷行窝的园主

位于无锡名山惠山脚下的惠山寺，从六朝时代延续下来，是江南屈指可数的名刹，也有其兴盛与衰落。明朝正德年间（1506—1521 年），惠山寺持有的广阔的寺域面积有了富余，就把山门两侧的土地出售了，在那里营建起两座庭园。山门南侧的庭园主人是官员冯氏，他购入了惠山寺的僧坊龙泉精舍，将其改建成自己的别庄；山门北侧的庭园，是达官显贵秦金购买惠山寺的两座僧坊后，并改造为凤谷行窝。

凤谷行窝就是后来的寄畅园，至今还依然存在；而龙泉精舍一方的冯氏仅一代就结束了，明末邹氏买下了这块旧址，筑起了名为愚公谷的华丽庭园，此园也仅一代就化归乌有。龙泉与凤谷，这两座名字成双成对的庭园，其命运却相差如此之大，至此，我不禁产生了要去一探究竟的想法，四百年间一直守护寄畅园的秦氏一族，究竟拥有着怎样强韧的心态啊！

秦金营建凤谷行窝的前后经过，已经在王稚登的《寄畅园记》中提到了，从他造园的动机来看，因为惠山寺僧人跟他主动提出卖地之事，所以他想“在如今生活越来越艰难的时势下，不如有块土地可以随时隐居吧”，怀着这样的心态买下了这块土地。虽然当时僧人说“此地地处林中，将僧坊稍加改造就可以住了”，然而一旦开始考虑造园，秦金就焕发出完美主义的天性，并投入极大的热情，绝不简单敷衍了事。园址内原有个池塘，那本是寺院里的洁斋池，呈长方形且毫无趣味。虽然想要借景于惠山，但因庭园离山麓太近而无法看见山顶。结果就不得不重新考虑山水的架构。

首先考虑开凿新池时，秦金的头脑中出现了惠山龙神的形象。他营造出的小天地，就是在龙神主宰的生态系统中组建而成的。秦金通过这次造园得到了很多教训。他感觉到：在大自然中，为了确保自己的居住场所，就要像小鸟在树梢筑巢一样，需要超越知识和技术而顺应“风水”。于是，他依照“风水”观念营建了这座庭园，而造园时的“风水观”、自然观，也就与他作为官员的人生观、处世观紧密联系在一起。

秦金造园处于被史学家称为“明代之夏”的时期，但在明朝三百年历史中，也仅仅是持续了十六年的短暂之夏。与其说那是明代的鼎盛时期，不如说是即将到来的凋落之秋的前兆。当时的官僚社会宦官当道，强横暴戾，官员数量过度增加，官场竞争日益激化。所以，普通的官员根本无法施展才华，如果有幸崭露头角，就会受谗言诬陷而获罪，或者落个贬官的下场。也就是说，严肃认真的人在当时的官僚社会已经行不通了。

秦金恐怕已经意识到，自己在这个世道是难以生存的。他认为“对当今的文人官僚来说，最困难或者说最重要的是保全生命而不是建立功名。为此就必须明确进退去留的选择。为了不让自己左右摇摆，就找个庭园安身吧。”

秦金于嘉靖二十三年（1543 年）去世，之后同族的秦梁继承了庭园。秦梁当时任湖广按察使一职，他等到任期结束，就辞去了新任的职务，于嘉靖末年（1566 年）在凤谷行窝隐居了。秦梁于万历六年（1578 年）去世，其后他的侄子秦耀继承下来。秦耀也是在湖广巡抚的任职内被诬而罢官还乡，于万历十九年（1591 年）入住凤谷行窝。

也就是说，继秦金之后的各位园主们，都继承了最初秦金的处世观，不拘泥于俗世的功名利禄，在距离人生巅峰一步之遥的时刻，淡然地做出了自己进退去留的明确抉择。

2. 改名寄畅园

秦耀接管时，庭园已经需要彻底整修了。王稚登的园记中记载“中丞公（秦耀）既罢楚开府归，日夕徜徉于此，经营位置，罗山谷于胸中，犹马新息聚米然，而后畚锸斧斤、陶冶丹垩之役毕举，凡几易伏腊而后成”，庭园整修后改名为寄畅园。

这里有个问题，秦耀为什么要更改园名呢？

从园记来看，只有“辟其户东向，署曰：‘寄畅’，用王内史诗，园所由名云”的记载。进一步调查此诗的来源——

过去，在兰亭曾举行过著名的曲水流觞之宴，组织者王羲之写下杰作《兰亭集序》，还留下了多首诗词。其中有“三春启群品，寄畅在所因”诗句（译者注：亦有说出自王羲之《答许椽诗》：“取欢仁智乐，寄畅山水阴”），这就是寄畅园之“寄畅”的出处。这种带有“生命短暂，及时行乐” 的情调，体现转瞬即逝的浪漫而唯美的思想，也是王羲之在

《兰亭集序》中流露出的思想。但是，学者们却评价说《兰亭集序》是“充满爱国情怀的隐逸文学的最高峰”。

这是为什么呢？

王羲之是东晋时期的高级官员，而东晋是西晋的亡命政权。因此曲水流觞之宴的举办，实际上是为了怀念西晋的鼎盛时代，追忆并模仿石崇（249—300 年）在其金谷园别墅举行的宴会。因此，王羲之的《兰亭集序》也是效仿石崇的《金谷诗序》；对做不出诗的人实行罚酒的规则，也是石崇在金谷涧的宴会上决定的。概括来说，兰亭之宴就是对破碎的故国鼎盛时期的追思之宴。那些貌似唯美浪漫的诗文，实际上是具有隐逸思想的传统观念，即“要隐忍负重，直到旧王朝的复兴时刻来临；在此期间，则赏万物之大美而获身心之愉悦，借生命之韵律而生天地之玄思。”

我们就以王羲之的这种“心境”为钥匙，来打开寄畅园的大门。

由于秦金营造凤谷行窝的时代，正好处于凋零之秋的前夕，官僚们何时产生隐居的想法都不足为怪。因此，秦金将其隐居的场所以胸怀大志的凤凰居于山谷中的修行道场之意来命名为“凤谷行窝”。此名暗含着如果时机成熟将再度出山的气概。

但是秦耀的时代却俨然已是跨越寒秋的严冬，宦官的强横暴戾已达顶点，官员同僚之间的攻防逐步升级，进而达到结成党派不断争斗的境地。秦耀看到这些，已经清楚“明朝的命运即将结束”。这种悲凉的心境正好与王羲之的亡国之思息息相通，所以就借用王羲之诗句中的“寄畅”一词，寄托自己国之将亡的悲情。

后来，秦耀遭受谗言陷害，于是借此机会于四十八岁时解职辞官。那些反复揣测秦耀过早引退之心的世人，对其隐居行为提出了批评。王稚登在《寄畅园记》的最后这样写道。

客乃谓："方今东师虽罢，朝政如秋荼也者，以中丞公之雄才大略，又富于春秋，不登三事九列，徒令云卧一立，疏泉艺石，消其胸中块磊，即县官奚赖焉？"余谢客曰："子言在用世，非'寄畅'之者也，姑置勿论！"

3. 邹迪光的生存方式

明末万历年间，似乎是与寄畅园竞争，邹氏在它旁边建起了名为愚公谷的庭园。这座豪奢庭园的面积是寄畅园的数倍，园主的生活状态极为放纵。但这也是处于乱世中的文人的生存方式。愚公谷具有与寄畅园完全不同的豪奢华丽的意趣，却为何是适合隐士居住的庭园呢？下面，我们对此进行梳理。

愚公谷的园主邹迪光是二十五岁就考中进士的才子，在担任湖广提学副使一职时，作为录用官吏的考官而具有发现人才的敏锐眼光，曾因发现了多位俊才而屡建功绩。后来，他选拔的人才先后成为高官，都尊他为师，于是邹迪光积聚了很多人脉和财运。然而这些却遭到很多人嫉妒，终因谗言遭受弹劾而借机辞去了官职。当时他才四十多岁，直到七十七岁时去世，他都以愚公谷为据点过着放浪形骸的游艺生活，追求风雅。当然，他多才多艺，也有很多作品，但大多数都已散失，保存下来的很少，其中就有他所写的园记《愚公谷乘》。

据传，愚公谷当初的规模大约有六十景，是拙政园的两倍，其后又不惜钱财进行增建，最后景的数量达到惊人的程度，没人能数得清，当时有谣传"去了愚公谷，可以尽览宋、明所有庭园的景色"。而且，邹迪光交友的范围遍及天下，文人墨客之类的雅士自不必说，园内还设有两座戏院，宴席上常常有演员、乐师和舞伎等侍奉左右。

来看一下邹迪光自己在《愚公谷乘》中的记载：

评吾园者曰："亭榭最佳，树次之，山次之，水又次之。"噫！此不善窥园者也。园林之胜，唯是山与水二物。无论二者俱无，与有山无水，有水无山不足称胜，即山旷率而不能收水之情，水径直而不能受山之趣，要无当于奇；虽有奇葩绣树，雕甍峻宇，何以称焉。吾园锡山龙山纡回曲抱，绵密复袷，而二泉之水从空酝酿，不知所自出，吾引而归之，为嶂障之，堰掩之，使之可停、可走、可续、可断、可巨、可细，而唯吾之所用；故亭榭有山，楼阁有山，便房曲室有山，几席之下有山，而水为之灌漱；涧以泉，池以泉，沟浍以泉，即盆盎亦以泉，而山为之砥柱。以九龙山为千百亿化身之山，以二泉水为千百亿化身之水，而皆听约束于吾，园斯所为胜耳。……夫山水成于天者也，屋宇成于人者也，树成于人而亦本于天者也；故穷极土木，富有力者能之，贫者不能也。予有天幸，得地于山水之间，而又得此乔柯而成其胜，必以土木为奇，则束手矣。虽然，构造之事不独以财，亦以智，予虽无财，而稍具班倕之智，故能取佳山水剪裁而组织之，以窃附其智，不然者，亦束手矣，是吾园本于天而亦成于人者也。

这篇文章真是洋洋洒洒。但是开始时提到的"评吾园者"之语，却与王稚登《寄畅园记》中造园重要性的顺序正好相反。这篇文章就是他对这些评论的辩解之词，概括地说，这篇文章是由一个悖论构成的：寄畅园的造园意趣反过来说就是愚公谷的造园理念。

事实上，这座庭园完全以建筑为主。即使最关键的取水之法，也没有经过自己的探索，而是采取简单易行的办法，将惠山寺的"二泉"之水直接"引而归之"。邹迪光因为借用了惠山寺的泉水，写下了自己百年之后必将此园捐献给寺院之语，而实际上园中因此种植了大片可作为香料的白檀树。

我试着根据这篇文章来解释一下邹迪光的人生观。

他说“愚公谷与寄畅园，同样都受到了很多上天的惠顾。但是我与寄畅园相反，并没有去充分利用这些天赐的恩惠，而是把它营造成有很多豪华建筑的庭园。”有人就问“这是为何呢？”他则回答说“因为愚”。《愚公谷乘》对这个“愚”进行了说明：“唐代柳宗元喜好愚（曾命名）过愚溪、愚泉、愚池，唯独没有愚谷。我就步其后尘叫作愚公谷吧”。这种想要承陶渊明之传统、步柳宗元之后尘的做法或许是他的真情，但是即便如此，把该做成“愚谷”的地方取名为“愚公谷”，还是另有深意的。

“愚公”是《列子》中一则寓言的主人公，是成语“愚公移山”的出处。过去，有一位名叫愚公的老翁，为了搬走阻挡在门前的大山，发誓要子子孙孙一直传承下去。所幸上天被这种志气所感动而移走了大山。毛泽东为了鼓舞人民坚韧不拔、不屈不挠的精神，曾经引用这篇寓言；今天大家都把这个故事解释为“独立自主、不懈奋斗才能获得天助”；但是过去这个寓言故事的意思却应该解释为“平时不拜佛，临时抱佛脚”。

因此如果基于这样的解释来推测邹迪光的心境，可以解读为“明朝已经濒于没落，如今更不知何去何从。能够挽救这种状态的只有神佛了。”换言之，邹迪光和秦耀虽然生存方式不同，但是对于政局的绝望看法却是完全一致的。因此“愚公谷”之名和“寄畅园”具有相同的意义。

人之生存方式的不同，当然受此人天性的影响很大。然而，邹迪光颓废虚无的生活态度，却是他保全生命的处世之道。

在一代名相张居正去世之后，明朝政府统治下的社会再度转向阴暗没落。为了打开这种破败的局面，处于劣势的理想派和处于多数的现实派发生了对立，寡不敌众的理想派成员失败之后被中央贬官流放。其中被流放的理想派斗士顾宪成回到故乡无锡，振兴了始于宋代的东林书院，并在此集合志同道合之人，对政治展开猛烈的批判。

邹迪光与顾宪成一派的成员都很熟悉，顾宪成一派想要拉拢邹迪光，一直不断地对他劝导诱惑。而邹迪光为了委婉地拒绝他们，就想出了这种放荡不羁的生活方式，他这样做，就向那些讲究道学的东林党人传达出一种貌合神离、对他们的社会改造运动毫不关心的信息。

后来，顾宪成一派虽以东林党之名再次将势力延伸至中央，但是结局却被宦官魏忠贤弹压，所有同僚都落得了悲惨的下场。而邹迪光却悠然活到七十七岁的喜寿，简直就是颓废人生的重大胜利。

但是邹迪光去世之后，他的儿子邹德基因酒后滋事，很快就在愚公谷园内被人刺杀，庭园被分割后转入他人之手，遂逐渐荒废而最终消失。如今寄畅园南面的愚公谷地名，大概就是此园曾经存在过的见证吧。

4. 摆脱飞来横祸

正如秦耀预测的那样，由于中央的内部争斗和各地兴起的暴乱，明朝很快就轰然倒塌。在明末清初激烈动荡的时期，寄畅园的一部分被分割给他人，之后，秦耀的曾孙秦德藻逐渐收回这些失落的部分，并进行修复改造。其间，聘请了著名叠山匠师张南垣的侄子张钺，对假山进行了大规模的改造。但是一切遵从旧制，名称等均未改变，景观也按照旧时的风格加以修复。

经过这次修复后的寄畅园，康熙帝在六次南巡中每次都巡幸至此。庭园也因巡幸而面貌一新，从而确保了不可撼动的名园地位。而且作为额外的收获，秦氏一族得到了各种显赫的官职。然而好事多磨，自从秦耀的六世孙秦道然任职中央政府之后，就卷入了康熙帝继位者的政权斗争之中。

这次事件——康熙帝已经立嫡长子为皇太子，拥立皇太子的谋臣企图策划刺杀康熙帝。但是阴谋事前败露，一众谋臣被捕，此时的秦道然被误认为是这些组织的同伙，因刺杀皇帝未遂而被问罪，官职被全部罢免，包括寄畅园在内的全部财产被政府没收，本人也被投入大牢。

康熙帝之后，雍正帝在位十三年结束，进入了乾隆帝的时代。乾隆帝刚一登基就立刻命令重新审理康熙帝刺杀事件株连的所有被告，可喜的是审理结果确定秦道然无罪。寄畅园得以解除封禁，乾隆帝还表示出对寄畅园处境的格外关心，除了确认此园一如既往属于秦家所有，还正式宣布此后将由秦耀的嫡系子孙世世代代继承下去。自从乾隆帝效仿康熙帝在南巡途中行幸寄畅园，庭园迅速恢复了往日的盛景和名声。不仅如此，乾隆帝还以此园为原型，在北京的清漪园（今颐和园）营建了惠山园（今谐趣园），寄畅园因此更加名声大噪。

中华人民共和国成立后，秦氏的子孙将寄畅园交给无锡市托管，如今是作为锡惠公园的一分部来进行管理。

第七章
清代扬州的庭园

一、扬州的造园热潮与瘦西湖

1. 扬州的庭园是天下第一吗?

扬州是鉴真和尚的故乡，因此对于日本人来说很有亲切感。而说到去扬州旅游，一定要介绍的就是庭园。导游总是说“自古就说扬州庭园甲天下”，游客就会问“为何如此自信呢”？实际上清代成书的《扬州画舫录》中就有“杭州以湖山胜，苏州以市肆胜，扬州以园亭胜，三者鼎峙，不可轩轾”，大概由此有了“扬州园林甲天下”的说法吧。

此书描写的清代前期的扬州,的确迎来了一次胜过苏州的造园高潮。但这只是昙花一现。然而这种昙花一现，恰恰是通过扬州两千五百年造园史能够看出的造园特征。

下面就来回顾一下吧:

公元前 486 年，吴王夫差为了开凿南北运河而修筑了扬州城。从此开始直到隋代的各朝统治者，都无一例外地在蜀冈（扬州市北部的山丘）筑城以控制扬州。特别是隋炀帝的江都宫更以豪奢著名，至今在与大明寺相连的山丘蜀冈还有迷楼的遗址，当年曾有大量美女居住其中。

唐代，鉴真和尚计划从扬州启程渡海远赴日本，可以看出，扬州不仅是内陆的水路要道，还是海上航线的基地，拥有众多的政府派出机构，官员宅邸、花街柳巷、风景名胜的建设更是兴盛。唐代末年这些都被破坏殆尽。

北宋时期同样是由官员主导的造园活动，欧阳修营建的平山堂，如今已经在大明寺的西邻重建。但是，进入南宋，由于扬州是对抗金军的抗敌前线基地，造园则进入完全停滞的状态。

明代时大运河进行改造，扬州又开始复苏。这时期造园的特征是商人取代官员成为造园的主角。他们不惜花费重金投入豪奢的宅邸和庭园，从当地找来专门的工匠，购买各地的特产材料，还聘请了著名的造园家来到扬州。但是，随着清军攻陷扬州，这些庭园遭遇历史上最为悲惨的破坏，全部化为灰烬。

综上可知，扬州之地具有易攻难守的特点，因此经常处于浮沉兴亡的不断轮回中，胜利者进城的话就会破坏古老的庭园，从别处带来的火种又会引发新的造园活动。所以，扬州的庭园传统一直无法扎根。反过来说，在扬州具有不受传统观念束缚、自由放达的造园传统。

最后一次的历史循环来到了清朝的康乾时代。这次取代明朝商人成为造园主角的是那些聚集在扬州盐业权贵周围的人群，他们竞相造园，从而形成了这次造园热潮。

上述内容就是被《扬州画舫录》赞誉为“(扬州庭园)甲天下”的缘由。

2. 南巡与造园热潮

清朝建立初期，对水路的开凿和产业的振兴进行了规划。因此扬州也再度迎来了春天。朝廷鼓励并吸收江南地区遗留的汉民族文化，振兴江南经济以增加国库财源，而扬州作为江南的窗口，更是得到了异常迅猛的发展，迅速成为中国首屈一指的大都会。

进一步推进扬州发展的是康熙和乾隆二帝的南巡。

具体来说，自康熙二十三年(1684年)至乾隆四十九年(1784年)康熙帝和乾隆帝各有6次南巡，也就是说，一百年的时间里，康乾二帝共计进行了12次南巡。从这一数字大概可以推测，清朝对江南地区表现出何等的关心。

南巡究竟是怎么回事?

南巡的“巡”是“巡狩”之意，源自古代的统治者在苑囿中巡回狩猎的活动，后来包含有领地内的视察、练兵等示威行为，或者举行仪式、皇帝游览等各种例行公事。说到清朝的南巡，据说最初是康熙帝去往泰山东巡的途中，突然改变原定计划进行了南巡。关于这次以及其后各次南巡的目的，史学家们有各种各样的说法，这里我们不去探讨，只是思考关于庭园的问题。

康乾二帝在南巡之际遍访江南的名园，并且以这些庭园为原型，在北京和承德的离宫中建造了众多庭园。前面已经讨论过的无锡寄畅园和苏州狮子林都属此类，其他还有南京的瞻园、镇江的金山寺、海宁的安澜园、嘉兴的烟雨楼、绍兴的兰亭、宁波的天一阁，以及杭州西湖的西湖八景等。这其中被称为四大庭园的是瞻园、寄畅园、狮子林、安澜园。

皇帝这种对于庭园的兴趣，正如在狮子林一章中阐述的那样相比于庭园观赏的目的，更倾向于显示清朝对汉民族传统文化的尊重。但是，扬州的这些盐官盐商们，不知是否是受到皇帝这种庭园兴趣的启发，也突然开始竭力营造庭园了。其目的是为何呢？

当时掌握扬州经济命脉的大宗产业是盐业，清朝对盐业实行政府权力掌控，在扬州设置了强有力的盐业管理机构。这些机构是由组织化的盐业从业者和负责管理监督的官僚机构组成的，因此他们被称为“盐官盐商”。

在陈从周教授编著的《扬州园林》中，对这些状况做了如下生动的记述：

清朝的统治阶级正利用这种“南巡”的机会进行搜刮，美其名为“报效”；商人也在盐中“加价”，继而又“加耗”；皇帝还从中取利，在盐中提成，名“提引”；皇帝又发官款借给商人，生息取利，成为“帑利”，日久以后，“官盐”价格日高，商人对盐民的剥削日益加重，而广大人民的吃盐也更加困难。封建的官商，凭着搜刮剥削得来的资金，不惜任意挥霍，争建大型园林与住宅，做了控制它命运的主人。

……扬州的绅商们想争宠于皇室，达到升官发财的目的，也大事修建园林。

基于上述理由，不管是盐官还是盐商，为了迎合皇帝的喜好，都开始构筑豪华的别庄庭园，逐渐展开激烈的造园竞争。但与此同时，皇帝对扬州越关注，接触的机会就越多，这也成为盐官盐商彼此共通的愿望，因此凡涉及皇帝的接驾招待，他们就会齐心协力地共同完成。

因此，他们为了设定皇帝观赏游览的场所（范围），而将别庄和庭园集中建在瘦西湖周边，形成了一个巨大的风景区。另外，在皇帝到达扬州和出发离开的城南船运码头附近，也汇集了他们的别庄庭园，并命名为“小苏州”，为了吸引皇帝的注意可谓煞费苦心。

由南巡引发的扬州造园热潮，最终因为南巡的结束失去目的，而偃旗息鼓。此后直到清朝灭亡期间，相继产生了各种各样的要因致使扬州的繁荣不再。

首先，南巡结束的背后是盐业管理的变更，盐官盐商们无法再从与皇帝的直接交易中获得利益。其次由于南北铁路的开通，支撑扬州（经济）的运河交通优势日渐薄弱。新兴城市的上海崭露头角，逐渐剥夺了扬州原本国际港口的地位。

就这样，扬州的地位日益衰落，而太平天国运动更加速了扬州的衰败。当时，去讨伐太平军的清朝军队和流民组成的民团，却轮番袭击富庶的扬州城，特别是盐官盐商们的豪华宅邸和庭园都成了掠夺的目标。运河和瘦西湖周边的庭园群几乎都被破坏殆尽。

3. 瘦西湖的著名遗迹（参照卷末的扬州名园位置图）

在大约一个世纪的时间里，盐官盐商们争相营造的庭园群，如今已经不可能直接看到了，然而瘦西湖周边地区却以郊外的景观胜地而闻名于世，中华人民共和国成立后被重新开发成风景名胜区，寻访往日的遗址痕迹，复原了一部分纪念性的景观和庭园。虽说大部分的庭园遗址还原封未动没被复原，但作为著名的游览地已经初具规模。下面就随我游览一下吧。

（1）瘦西湖

瘦西湖原本是一条河道，康熙年间开始造园之后，就变成了细长的湖泊形状。当初沿用六朝以来的名称叫炮山河（保障湖）。到了乾隆年间，将长春岭纳入故称为长春河。但是不知从何时起，诗人们开始称它瘦西湖，慢慢地这一名称就固定下来。这一名称表现了瘦西湖风光与杭州西湖相似、而湖的形状狭长的特征，“瘦”也包含有孤高、清志等含义。而且，瘦西湖很长，从市区到蜀冈大约四千米，一般的观光只能游览一半。

（2）长堤春柳

今天的西园饭店一带曾是乾隆皇帝的行宫，皇帝从行宫门前的御码头坐船开始游览瘦西湖。沿着河道向西，从冶春园、西园曲水等旧址，经过大虹桥再向北转，就到了长堤春柳。

大虹桥在明代称为“红桥”，是座带有红色栏杆的木桥，乾隆初年变成石桥并改名为大虹桥。此桥是瘦西湖风景区的要地，更因其临近花街闹市而广受文人的好评，据说为它赋诗歌咏的诗人有七千人，写下诗

图34 瘦西湖、五亭桥与白塔（引自《扬州园林》）

文达三百卷。

长堤春柳是两岸桃花柳树绵延数百米长的土堤，坐车可以直达堤左侧的徐园。徐园曾是民国时期军阀的祠堂。

（3）小金山

小金山是一座四面环水的小岛的俗称。乾隆年间开始堆筑这座小山时，岛上曾有几座寺院和建筑，总称为“梅岭春探”。至于为何后来称为小金山，一说是这一带川砂较多，筑岛堆山需要很多经费，因此称其“金子筑成的山”，即小金山；另有一种说法，因追随长江对岸镇江的金山寺所以称为小金山。关于金山寺还有谣传称“乾隆帝的生父住在江南，皇帝的南巡实际是到金山寺寻访生父的踪迹”，因此扬州的盐官盐商们为了慰藉来到江南的皇帝，将这座小岛称作“小金山”。

在山顶上眺望，景色格外怡人，瘦西湖对岸成片的树林中曾经有很多庭园。另外，小金山上下的建筑虽然都是新建的，但月观、琴室、吹台等名称，却是从六朝时代蜀冈修建的庭园名称中选取的。

（4）吹台

沿着小金山南侧的岸边有条细长的湖堤，其端部有一座名为“吹台”的亭子。因为这里曾是乾隆帝钓鱼之处，也被叫作钓鱼台。四方形的亭子，三面都开有圆洞，只有东面透空。所以从东向西看过去，左边的圆洞正对白塔，右边圆洞正对五亭桥，这种框景处理获得了很高的评价。在瘦西湖的许多庭园都已消失的今天，这座白塔和五亭桥已经成了整个瘦西湖的标志。

（5）五亭桥

五亭桥本来的名称是莲花桥，因在工字型的台基上立有五座亭子故称“五亭桥”。台基有十五个桥洞，“清风月满之时，每洞各衔一月”的景色便成了这里的骄傲。五亭桥的构思与北京北海公园的五龙亭构思十分相似，五龙亭位于湖边的水面上，五座亭子如项链一般优雅地串联；而这里五座亭子则连为一体，相比五龙亭更具有北方建筑的严肃气氛。

从五亭桥向下望去，有座似浮若泅于水面的优美凉殿“凫庄”。凫是野鸭，凫庄可以说是画舫的豪华版吧。

（6）白塔

过了五亭桥，瘦西湖的南岸是莲性寺，寺中的白塔成为瘦西湖的一大景观。寺和塔完全是作为瘦西湖的景物专门建造的，并不是信仰的对象。关于这座白塔，有“一夜造塔”的传说。故事有几个版本，最单纯的是《清朝野史大观》中的记载。乾隆帝南巡之际，盐商组织的总负责人江春已经把所有的接待工作安排就绪。皇帝巡幸到大虹园五亭桥畔时，看到眼前的风景，不禁感叹道“这里多像京城北海的景色啊，只可惜少了一座白塔。”江春听到后，用万金贿赂乾隆左右，请画成图，然后一夜之间建成此塔。翌日，乾隆看到后大为惊异，更惊讶于扬州盐商的确富甲天下、名不虚传。传说塔是用盐包为基础，以纸扎为表面堆成的，只可远视。

此传说的真伪暂且不说，盐商为了慰藉皇帝旅途中的无聊寂寞，做任何事情都竭尽所能的气概可见一斑；同时作为回报，他们想要升官发财，因此皇帝与盐商之间的“默契配合”就容易理解了。于是瘦西湖景观的形成（过程），就成为这种“默契配合”的产物。

4. 造园热潮的幕后推手

在盐官盐商们开始造园竞争之前，扬州有两位为造园打下基础的艺术家。

计成，1582 年生于苏州，是在明代后期商人引发造园热潮时来到扬州的造园家。他曾立志成为画家，后来成为造园家。在扬州写下了著名的造园专著《园冶》，阐述文人的造园之道；按照此书的理论，扬州那些华丽的庭园通通是反面教材。此书在中国曾被长期埋没，直到 20 世纪才经由日本学者的发现而重新面世。[1]

石涛（生卒年月不详）是明朝皇族出身，清代以后出家，从 1697 年开始定居扬州十二年，全部身心投入绘画和造园之中。其间营造了两座庭园，均是彻底追求绘画之法与叠山之法融为一体的作品，一座是使用大量太湖石的"万石园"；另一座是仅用极少湖石堆掇出小假山的"片石山房"。另外，石涛所谓"一代一夫执掌"（人应倾其一生坚守自己的固有之道）的人生训诫，作为在少数民族政权统治下文人的生存方式，被扬州八怪加以继承。

扬州八怪是在造园竞赛最为激烈的乾隆时代，集结于扬州的民间画家集团，包括金农、罗聘、郑板桥、李鱓、汪士慎、黄慎、高翔、李方膺等十几人，他们仰慕石涛和八大山人的画风，并且抛弃家业和做官的机会。他们无视原来正统的绘画技法，提倡大胆追求自我感受和个性化的写意画。当时的人们对这种充满个性的画风和生活状态倍感惊异，因此称他们为"扬州八怪"。

他们不愿意出仕为官，选择了隐逸的道路，至于为何来到扬州，我认为在当时的扬州，正处于盐官盐商们发起空前的造园热潮这一背景下，官商们非常盼望能将八怪的书画作品当作必需品，放置于他们的别庄庭园中，但是八怪却这样说：

"我们来到扬州不是出于生活的原因，而是来追求精神自由和独创性的。盐官盐商们多变的造园（风格），可以发挥对（造园）传统的反

1 关于《园冶》的重刊过程，可参见傅凡、李红著的《朱启钤先生对〈园冶〉重刊的贡献》，《中国园林》，2013 年第 7 期，第 120–124 页。

抗精神。而我们作为这种反抗精神的导火索可以点燃艺术的激情。”

换而言之，造园热潮中的建造的庭园，虽然乍一看似乎完全否定了文人造园的理论，但却仅仅是否定了庭园的“形态”；盐官盐商们在他们的别庄庭园中竞相悬挂八怪的绘画，这意味着他们依然非常重视庭园之“心”。这与八怪的做法殊途同归。八怪的写意派绘画通过否定传统技法中的“形态”，来强烈地表现他们深藏的“内心”。因此也可以说造园热潮中的反抗精神引发了八怪的艺术创作。

扬州的造园热潮很快就成为对咫尺山林这一流行趋势的鞭策，然而咫尺山林只是庭园“形态”上的变化，还依然坚守着文人之“心”对庭园的必要作用；而在这里，庭园的“形”和“心”之间更加背道而驰了。

在扬州，除了文人艺术家之外，还有造园师和匠师从全国各地聚集而来，他们各自带来故乡的资材，在这里竞相施展独自的造园技艺。这阵由盐官盐商发起的造园热潮，也逐渐影响到城内和近郊，那里兴建起很多园林和庭院。其中大多数都追随咫尺山林的倾向，在这阵造园热潮逐渐趋于平静之后，也出现了一些优秀作品，有的是复杂多变的造园技巧的集大成之作，有的是适应新时代构思下的庭园。下面就以个园和何园为例来一探究竟。

二、个园——山水的精心之作

1. 个园的介绍

从公交车道进入个园长长的入口通道，在第一个门前买票后进入，里面悬挂着一幅个园的示意图和刘凤诰所写的《个园记》。根据园记，该园是清朝嘉庆二十三年（1818 年），由当时担任两淮商总的盐商黄应泰修筑的。这时已是南巡结束后三十多年了，盐官盐商的造园竞争骤然结束。

关于该园的景观，园记记载“……曲廊邃宇，周以虚槛，敞以层楼，叠石为小山，通泉为平池，绿萝袅烟而依回，嘉树翳晴而蓊匌，闿爽深靓，各极其致，以其目营心构之所得，不出户而壶天自春。”（《园综》）

园记还触及了庭园主人的本性：“主人性爱竹，盖以竹本固，君子见其本，则思树德之先沃其根；竹心虚，君子观其心，则思应用之务宏其量；至夫体直而节贞，则立身砥行之攸系者实大且远；岂独冬青夏彩，玉润碧鲜，著斯州筱荡之美云尔哉？主人爰称曰个园”，此处的“个”字乃竹叶的象形文字，二“个”并置则成“竹”。

我还在阅读园记，导游已经在前面催促了。他边走边说“此园是著名的四季假山之庭”，并且专门做了解释说明，但是有关四季假山，园记中却只字未提。这是我后来才注意到的，这一点正是个园观赏上的争议焦点。

2. 建筑空间的变化

进入个园可以发现，造园热潮时代最大的影响是形成了立体化的游览路线。城市山林风格的庭园营造本来就倾向于以建筑为中心，扬州的造园热潮又将其推向顶峰，出现了庭园的立体化游览路线。园记中虽有“曲廊邃宇，周以虚槛，敞以层楼”的描写，今天所能看到的只有七间楼了。这座七间楼是东西方向长的建筑，二层的走廊变成一座天桥，将夏山和秋山相连，形成一条立体的游览路线。

除了七间楼之外，以前的二层回廊在庭园南侧和西侧尚有形迹可寻。例如，冬山有类似台阶的磴道，这可以看作是通往庭园南侧二层回廊的上下台阶。另外，在园门西侧的两层建筑，可以发现位于南侧的二层外廊，在此处拐弯形成一处角楼，此处角楼，原先是园中复道的转角处，后来楼廊圮坏，斩头去尾，留下了今天的这个格局。（引自朱江《扬州园林品赏录》）

为何要营造这种立体的游览路线呢?

造园热潮时期的庭园虽说规模很大，但大部分都是建筑空间，山水空间就相应地变得狭窄。于是，为了使这很少的山水之景看起来更加多彩，就会想方设法增加观赏的视点，结果就想出将游览路线建成两层，视点也随之成倍增加的方案。这种思考方式早在山水画中已经出现。例如一座山可以仰视，可以俯瞰，还可以处眺望等，变换视点的位置就可以形成三种不同的景色。

即便如此，立体回廊的设置也有限制条件。有时会妨碍庭园景观的视线，有时会削弱静观点的重要性。个园则充分考虑了这些方面，不仅建有二层的回廊，还把假山和楼阁的二层连为一体，时而登高，时而下降，变化无穷。这样，个园的“曲廊邃宇，周以虚槛，敞以层楼”就设定成了山水空间。

造园热潮时代的第二个影响是庭园住宅的出现。

来看看个园的情况。个园的住宅原本在庭园的南部，如今已不存在。专家对其东部的痕迹调查后发现：面对住宅南部的道路设有大门，从大门进入之后，住宅内部有带内庭的接待大厅、宴会厅以及演戏的舞台等，再往前就与个园自然相连。因此，与拙政园和留园不同，个园没有面对道路的专用园门，也没有从住宅中通向庭园的专用通道。

从这些调查大概能够想象的是，个园不像拙政园和留园将住宅和庭园严格区分开来，而是以住宅的大门兼做园门，住宅内部也有舞台和内庭的布局。也就是说，个园的住宅部分极有可能已经出现庭园住宅化，个园是后院性质的庭园。

在盐官盐商们的造园竞争最为辉煌的时期，所建的几乎都是别庄庭园；当这种影响波及到位于城内的住宅，就推进了住宅的庭园化。这种情况在后面的何园会再次看到。

3. 观赏四季假山

庭院内部被一群石峰和三组巨大的假山占据，这就是导游所说的个园引以为傲的四季假山景观（图 35）。

（1）春景

从庭园东北部的入口沿长长的墙壁南行再向西拐，有一个朝南的园门。园门两侧有花坛，翠竹亭亭，石笋嶙嶙。竹影摇动的白色花墙正中是月洞门，洞门上方的石额刻着“个园”。月洞门的内侧种满了桂花树，树脚下散落着几组低矮的湖石。湖石春景令人联想到庭园北部的湖石夏山；桂花树秋季开花，又会联想到庭园东部的秋山。向桂花树丛的深处走，就到了全园的中心建筑桂花厅（又称玉兰堂）。

（2）夏景

桂花厅的内侧是水池。水池西岸湖石夏山峰峦突兀；水池东岸黄石秋山峭壁嶙峋。现在朝湖石夏山的方向走去。

湖石肌理润泽、多凹凸，形态奇特出众，湖石堆筑的假山矗立在水池中，无论是谁都会联想起盛放在巨大水盘中的山水盆景。清流冲刷着山脚，幽深的洞穴格外引人注意，若受此吸引沿着崎岖的磴道拾级而上，树根羁绊、藤蔓缠绕，仿佛步入深山之中。登上山顶，有巨松俯身而立，在树荫下小憩，方才所见之景已融为一体，仿佛身处大自然幽邃的怀抱。

从湖石假山的顶部跨过天桥，来到七间楼的二层走廊，由此可以通向黄石假山的顶部。

（3）秋景

到达黄石堆掇的假山顶部，景观忽地从幽玄之境转换为秀丽之境。黄石为黄褐色，十分秀丽，因此色调被称为秋山，是个园全园的主山。这座山分为三区，将这三区上下攀登一遍，相当于走了全园一半以上的游览路线，下文就其中的三分之一进行介绍。

图 35 之一 春景：洒满阳光的竹林

图 35 之二 夏景：漂浮在水面上的湖石假山

图 35　之三 秋景：巍峨耸立的黄石假山

图 35　之四 冬景：雪石假山风萧萧

有三条磴道从山顶盘旋而下。其中一条直抵断崖绝壁处，不知不觉就没有路了。沿另一条路前行，三转两折后却又回到了原地。终于沿着另外一条下山的路走了下去，一会儿潜入山洞，一会仰头见天，时而在石壁和崖间迷惑，时而在山谷间的洞窟中小憩，时而跨过险峻的石梁，真是尽显千变万化。如此竭尽所能地引人入胜，此园作者的造型意愿是多么强烈啊，在全身心地感受体会的同时，不知不觉到了山脚下，依依不舍地告别此山，再选择别的路径继续攀爬。

有说法称，这座黄石假山是画家石涛的作品，但陈从周教授在《扬州园林》中则表达出这样的见解："据刘凤诰所撰《个园记》：'园系旧寿芝园旧址重筑。'寿芝园原来叠石，相传为石涛所叠，但没有可靠的根据，或许因园中的黄石假山，气势有似安徽的黄山，石涛善画黄山景，就附会是他的作品了。"

（4）冬景

冬景位于庭园东南角，包括透风漏月亭和庭园南面围墙之间的狭小空间。它独立于秋山，与春景隔墙相邻。

位于透风漏月亭南面的假山，是由名为宣石或雪石的白色石材堆掇而成，描绘的是积雪将融未消的冬日景色。如将雪石置于面阳的地方，石中所含石英则闪闪发光，与雪意相违。另外，偶然的机会听说在此处能感受到意想不到的寒风呼啸的效果，这不是氛围的营造，而是真的营造出风吹的效果。其原理是后面的墙壁上开凿出四排直径30厘米的圆孔，如果风从墙壁对面的狭窄通道中吹过，孔洞就会像风笛一样，发出萧萧的声响。这组装置被园林专家们称为"琴孔"。

另外，站在透风漏月亭屋檐下向西望去，墙壁上有穿透的圆形空窗，圆形轮廓中浮现出修竹和竹笋的倩影。看到此景的游客自然会联想到"冬天来了，春天还会远吗？"。于是再次体会这座庭园里四季之景的变换。

4. 山水景观的集大成

造园热潮时代的庭园特征是建筑优先的造园风格，但黄应泰的造园却显示出对山水传统的遵循，这正是该园的精彩之处。

虽说遵循山水传统，但由于此园中的山水空间被高大的建筑物包围，所以就只能是人工式的山水之景。这也并非个园独创的手法，而是造园热潮时代形成的，称之为叠山技术集大成的假山景观。

在扬州的造园热潮时代，太湖的湖石几乎挖掘殆尽，园主们就利用船运之便，从各地收集形形色色的山石。继计成、石涛之后，张南垣、仇好石、戈裕良等著名的叠山匠师们利用这些石材都精心研究叠山之法，他们所使用的石材种类众多，以小型的石材堆筑自由形状的假山。

这成为扬州叠山技术的特征。个园的山水就是综合以上特征的集大成之作。

但是，集大成实际上是非常困难的工作。例如：清末营造的苏州怡园就是不惜重金、将苏州名园的优点集于大成的庭园，但是观赏此园就像游览博物馆，根本无法感受到园主在庭园中寄予的精神。

个园与此不同。看到个园的山水，能感受到黄应泰在园中寄托的思想。我在扬州买到一本《扬州园林品赏录》，其中这样描写黄应泰借竹子表现的思想：

尤其是竹子，不论大小园林，都以栽竹为雅事，故而有“宁可食无肉，不可居无竹”（苏东坡）的“雅意”。这种“雅意”，虽历千百年，一直流传不绝，以致又增添了许多“不可一日无此君”（郑板桥）的“雅兴”。……由此看出，扬州喜爱种竹的历史，确是很为久远的。在扬州园林中，如竹楼小市，如水竹居，如个园，皆是以竹名园的一些实例。（《扬州园林品赏录》）

上面（指园记）的这段话，不仅是个园命意的所在和名称的来由，而且是构筑个园的主题思想。

有人说个园有“四季假山”，是以宣石山子为“冬”，黄石山子为“秋”，湖石山子为“夏”，门景竹石为“春”。其实，这种说法只是一种兴味之谈，未必是造园叠山时的原意。针对这种假想，合肥阚氏曾在《园冶识语》篇中说：“其掇山由绘事而来，盖画家以笔墨为邱壑，掇山以土石为皴擦，虚实虽殊，理致则一。彼云林、南垣、笠翁、雪涛诸氏，一拳一勺，化平面为立体，殆所谓知行合一者。无否由绘而园，水石之外，旁及土木，更能发挥理趣。著为草式，至于今日。”

……那种“四季假山，风味不同”的说法，实在是出于兴味之谈，并不是造园叠山的真旨。

……个园的山石，只不过为我们提供了一幅幅立体分景山水实例而已。

……个园主人的托意，也如欧阳修所说的“醉翁之意不在酒，在于山水之间”也。足见“主人好其所好，乐其所乐”者，在于山水的构筑。因而《园记》的作者刘凤诰说：“吾将为君咏，乐彼之园矣！”足见是园乃是一座以竹石为主体的城市山林。

再进一步深入思考——

此园的主景是位于中央的水池，该池原本是由左右两边实体的假山相夹的虚谷。谷自古就是象征虚的存在，由此可以认为此谷就象征着“竹的心为虚”，并且此谷（池）作为该园的主景。因此世间认为此园的景观中的四季假山，实际上应该理解为：以实体呈现出来的山围绕着太虚之谷，实体的山，从太虚之谷接收四季的山气，才呈现出如此生动的状态。

读到这些见解，就可以清楚地了解，此园的山水景观是基于园主自己的立意而构成的。园景所具有的四季假山之趣，并非庭园的本质性格，只不过是在游览过程中添加兴趣罢了。

另外，春夏秋冬的顺序一般是按照东西南北的顺序配置的，个园却以西北东南的顺序排列。这其中的原因正如刚才所述，位于个园中央的水池被看作是宇宙的根源，因此春之气是从庭园中央向西，秋之气是从中央向东扩散。

还有一层原因，黄石假山配置在东部，秋天夕阳西下时就可以将黄石假山之美映衬得更加醒目；而湖石假山置于北面，受到夏日强烈的阳光照射，湖石假山微妙的凹凸和洞穴的阴影，可以给人留下更加深刻的印象。在围墙包围的南侧，充足的日照配以联想到春季的竹林；在早晨太阳光照射不到的围墙北侧，则布置宣石假山使人联想到雪山。换而言之，四季假山之景就是根据假山石材的特性追求造景合理效果的结果。

综上所述，这种不受世间看法的束缚，同时追求技术上的合理性，在庭园造景上坚持自由发挥与想象的做法，正是个园主人具有高度见识的表现。

三、何园——建筑空间的去向

1. 何园的介绍

在最近的介绍手册里，已经把何园的名字写成了“寄啸山庄”，然而去到门口还是看到“何园”的牌子。何园是在光绪年间由曾任扬州监察使的何芷舠营建的庭园，因而也叫“何园”。但是后来园主调任至上海，在庭园建成之前就在上海去世了，庭园中的建筑等还都没有命名。当时只是确定了园名为寄啸山庄。

此园的营建比个园大约晚了一个世纪，是扬州最新的古典庭园。因其是彻底以建筑为主，从中可以了解扬州造园热潮时代对建筑样式的影响和住宅庭园化的趋势。另外，何芷舠曾作为清朝公使馆官员在巴黎任职，所以在庭园构成上能看出一些前卫的想法。还有从房间的做法和装饰等，也显现出欧洲趣味。

但非常遗憾的是，何园的住宅部分被完全毁坏了。但从种种情况来看，对于住宅和庭园的关系可以做出如下的推定：

庭园和住宅位于东西走向的两条道路中间，北半部分是庭园，南半部分是住宅。住宅一侧的大门面朝南侧的道路。而庭园一侧另有园门，面朝北侧的道路。

从这种布置来看，庭园和住宅似乎是背靠背、各自独立的。实际上从庭园的平面图即可看出，庭园和住宅的边界明显相互穿插组合，从边界线的住宅一侧有好几个开口可以从住宅通往庭园。住宅一侧的建筑直接面对庭园，窗口也朝向庭园，由此看来，庭园和住宅是彼此联通的。

因此，何园明显就是享有庭园之乐的住宅，也就是庭园住宅。既然如此，为何又在北边设置园门呢？

我猜测何芷舠是具有前卫思想的园主，大概希望日常的生活能像西方那样优雅。但是他出于精英官员的自负和文人的修养，有时也会考虑召集知己同好一起举行文人的园游活动，共度文雅的时光吧。为了这些园游活动，庭园就有必要从住宅独立出来。于是就朝向北侧的道路开设了专用门，内门题有“寄啸山庄”，所以庭园的名称就决定叫“寄啸山庄”了。换而言之，此园具有雅俗两用的构造，日常时间庭园与住宅合在一起称“何园”，举行游园时庭园又可以称为“寄啸山庄”。在这里，作为古典庭园的新趋势，相比住宅庭园化又更进了一步，具备庭园住宅化的倾向。下面就来验证一下。

2. 观赏东园

（1）庭园门

面朝北边道路的庭园大门，是一座高大的两层建筑，正面的中门是月洞门，上面刻有“寄啸山庄”。“寄啸”一词，出自陶渊明《归去来兮辞》中“倚南窗以寄傲，审容膝之易安。登东皋以舒啸，临清流而赋诗”，取“寄傲”和“舒啸”二词组合而成。

“傲”是高傲、满足的心情，而“啸”是指嘬口发出长而清脆的声音，原是一种养生之术，转而指代吟诗。寄啸山庄可以解释为：表现居住在深山幽谷的隐士与大自然对话的山居之乐。

进入中门之后，有朝南的二层回廊直达住宅部分。庭园被回廊分成东西两半，东侧庭园相当于前庭。

从大门开始的回廊称为复道廊。二层建的回廊叫道廊，中央有墙壁分开、两侧行走的叫复廊，复道廊则是将这两种形式组合在一起的复杂回廊，以弥补入口道路过短的不足。这是将个园的立体化游览路线更加彻底的做法。

（2）花厅

从园门沿着回廊直走就到了花厅（这是前厅、接待室等的一般名称，不是此处的专用名称，现在为牡丹厅），来宾们在此受到茶酒招待。

如今，在花厅的东侧建了一个庭园的出入口；沿着院内的贴壁假山以混凝土做出了一条溪流。但根据记载，这里原本是以两重围墙与东侧的道路完全隔断的，内侧种植竹林杂树，之间配以山石，是何园极其珍稀的自然式小庭园。然而仔细一想，在这样一座人工式的建筑庭园之中，出现一座自然式的庭园是很不寻常的，究其原因，这种对比手法是为了让人看过自然式的庭园之后再看四面厅，使人工式的四面厅之景更加突出。

（3）四面厅

花厅北面的四面厅俗称“船厅”，象征驶向仙境的航船。四面厅入口附近东廊墙壁上嵌有苏东坡的《海市诗》刻石。此诗为苏东坡在山东省蓬莱的丹崖，一边观赏海上出现的海市蜃楼，一边幻想对岸的神仙境界的作品。另外，四面厅周围铺满波浪形纹样的铺地，四面厅与围墙之间的狭窄空间，堆叠着以海上仙山为意象的贴壁假山。这种对仙境之景的稚拙表现，又恰好在看完自然式的小园之后，会使人产生强烈的画蛇添足之感。

为什么要用如此稚拙的表现呢？

正如介绍手册上所写的“游览此园时，建筑看起来像山一样连绵起伏，立体构成的游廊曲折往复如山间小径”，在此园观赏建筑空间时，希望能看出山水的幻觉。因此，四面厅的出场就像是运动前的热身，抱着一种“游戏之心”来看待就好。造园者们深知，文人古老的园游传统与他们颓废的园游之间存在着差距，所以故意用这种不自然的四面厅之景，来粉饰自己装腔作势的行为。

清代这种自嘲的“游戏之心”背后，还有一种看法，认为隐藏着少数民族统治下的汉民族的国家主义；以清政府软硬兼施的游戏为背景，就演化出了四面厅这样造作的、盆景般的山水之景。

3. 游赏西园

从四面厅出复道廊，再从复道廊的空窗看出去，西园就变成一幅幅优美的框景，游人也成为画中人了。在空窗前面的小岛上有水心亭，站在水心亭的平台，以大水池为前景，几乎可以展望西园的全部景致。水心亭会放到后面介绍，首先来介绍主要的景观。

（1）蝴蝶厅

环绕水池的建筑物中有一组特别高大气派，位于水池北侧，其中心建筑是该园的主要大厅。它本来没有名字，因建筑两侧各有翼厅，故俗称“蝴蝶厅”。内部感觉比较质朴，但室内陈设使建筑显得非常气派。一脚踏出门外时才注意到，建筑外围的铺地纹样是现代的西洋式风格。

登上蝴蝶厅的二层可以俯瞰水池。从正面看去，水池一角的内湾深入到住宅之中，使得水池的景色很有纵深感。而且，从楼上俯瞰西园的全景，的确与从水心亭水平看到的景观略有不同，这大概要归功于建筑的整体布局，既要计算筹划立体回廊的效果，又要显示出建筑的变化，同时以门字形建筑三面环绕水池，形成西方建筑内院一样的结构。

借助这样的结构，立体回廊就将园中所有的建筑连成一圈，没有建筑的地方则环绕假山，因此不论身在何处，都能看到中央的水池和东面浮在水面上的水心亭。就像介绍手册中所说的“建筑看起来像山一样连绵起伏，立体构成的游廊曲折往复如山间小径”。

（2）水池南岸的复道回廊

从水心亭看去，双层的道廊在水池南岸伸展开来，它被称为复道回廊。这是因为该廊另一侧是住宅，它本是建在住宅和庭园之间的复道廊的一半。但是如今住宅部分已不存在，现状就只剩下这条单面的道廊了。另外，这条道廊的墙上有各种形状的窗户。过去从住宅一侧透过窗户可以观看到庭园。

从这些也可以看出，何园是将庭园和住宅结合在一起的。

（3）宴会厅

宴会厅更加强烈地体现庭园与建筑融合的构思。

沿着道廊向西直走的尽头是假山，回廊在此转弯避开，沿着水湾向南转，尽端是宴会厅。宴会厅修筑在高高的台基上，背朝庭园；南侧正面有一个很大的内庭，从内庭可通向住宅。如此看来，这座建筑不是附属于庭园的景观，实际是宴会专用的建筑，现在叫宴会厅或赏月楼。

但是，如果是寄啸山庄专用的宴会厅，不是应该设置在东园吗？它却位于西园的中央，而且明显是嵌入到住宅的部分，由此看来，它很有可能是与住宅兼用的宴会厅。

（4）假山

从水心亭远望假山，感觉就像仙人掌一样高耸入西边的天空，实际走进去观看，还是有很多需要重新评价的地方。

从宴会厅到假山附近架设的岩石群组就给人一种进入岩石溪谷的感觉。此山乍看像湖石假山，但步行的小路却是用坚固的黄石筑成的。再仔细看，可能是针对山石的特质区分使用石材吧。

装饰假山的植物中，要数修长的白皮松最为风姿绰约；假山的支脉向北延伸，前端在水池岸边形成堤防，花坛里种有牡丹和芍药，这条支脉与深处的建筑围合出一处类似别院的空间。

围绕这座别院建筑的假山，更多地使用了黄石而不是湖石，并采用了极其细致的堆筑方法。这恐怕是为了与假山阴影里的建筑相调和吧。

别院的建筑内部，按照园主人的意向采用西欧风格的装饰，但都是堆砌拼凑没有留下什么印象。比这些更引人注意的，却是这座以西欧风格建造的建筑也可以当作住宅而得到充分利用。

沿着西洋风格的铺地步行很快就能回到蝴蝶厅。

4. 水心亭的思考

水心亭（图 36）的位置正好可以环视西园，因此就有认为此亭是戏台或歌台的两种说法。看起来这只是见解的不同，然而没想到却成为一场争论。

这场争论好像是从陈从周教授下面的说法开始的：

池东筑水亭，四角卧波，为纳凉拍曲的地方；此戏亭利用水面的回音，增加音响效果；又利用回廊作为观剧的看台；不过在封建社会，女宾只

图 36 何园水心亭与复道廊（引自《扬州园林》）

能坐在宅内贴园的复道廊中，通过疏帘，从墙上的什锦空窗中观看。

这种临水筑台，增强音响效果的手法，今天还可以酌予采取，而复道廊隔帘观剧的看台是要扬弃的。（引自《扬州园林》）

这种说法全部都是假定，是教授丰富想象力的产物。但是导游又仿佛确有其事似地解释说“过去是在这里演戏的。因为是封建时代，女眷们即使想看戏，也不允许在人前露面，所以只能从复道廊的窗户向外张望”。听到这些说法的香港旅行业相关人员为了吸引游客，做了附带的宣传：“寄啸山庄的水心亭虽然是清代修建的，但是跟现代建筑的水上舞台相比，音响效果也毫不逊色。”此事被新闻报纸报道，更是在拍摄电影《毕昇》时，使用水心亭拍摄了过去观赏舞蹈的场面。这样一来，水心亭是戏台的说法就确立了不可动摇的地位。

但是，当地的宣传资料上却刊登了下面的反论：

过去在庭园中曾有“堂会”的风俗，即表演戏剧、口技、歌舞乐曲等的演艺活动，舞台按照所需的程度临时搭建。这次在水心亭拍摄的电影场景也是如此，主客双方都在亭中落座，乐师在前面的平台上，这样水心亭就被挤满了，所以就在水面上搭设一处跳舞的舞台。也就是说，水心亭原本是类似演奏台的设施，对其稍加改造也可以演戏。

这样，水心亭是歌台还是戏台的争议就有了定论。但是刚才的作者又进一步这样说：

那么，水心亭是不是专为堂会修建的歌台呢？其实不是。它本质上是被称为“小方壶”的、代表海上仙山式样庭园的纪念物。

不论歌台还是戏台，“台”这一观念，最初是从皇帝祭拜天地的祭祀之“台”开始的，因此其中蕴含着神仙思想。这一思想经过了长期的发展，至清代的扬州再次流行，作为其样式的代表性纪念物就有小方壶。在扬州庭园中很难找到没有小方壶的。因此在寄啸山庄，东园的四面厅是邀请客人驶向海上仙岛的航船，水心亭无疑就是接收航船的小方壶。

这位作者不仅对水心亭的民间说法提出反论，而且一直追根溯源到公元前的“台”；“根源”与“利用”是不同的事情，即使把台当作歌台的想法早有先例，但在考虑歌台音响效果的同时，将地点选在水面之上，水池周围再环以内院风格的高大建筑，一边游览一边欣赏音乐的想法，何园或许还是首例。

在具有西方建筑学习背景的香港建筑师们看来，这种既保证建筑组群的采光，又在建筑之间设置联系通路，类似于欧洲内院的构思，居然早在 19 世纪的中国就已出现，这可能足以令他们震惊了。但是反过来考虑，对于曾在法国居住过的何芷舠来说，这一构思也许正是他从欧洲带来的意外收获。

就在香港宣传水心亭是“现代建筑水上舞台的先例”之时，政府正在大力实行引入外资和吸引观光游客的方针，香港的投资者和建筑师们都将热情的目光投向内地。结果，在内地开始大量兴建园林风格或者水院风格的酒店、饭店，特别是看到其中水院风格的建筑，感觉与何园的建筑风格非常相似。但是，与其说“那些现代建筑与古典庭园的何园相似”，倒不如“何园与那些现代建筑更相似”的说法，给人留下更加强烈的印象。

从中国古典庭园的理论来说，“庭园的住宅化”就意味着庭园逐步消失，住宅庭园的概念是不可能出现的。现实中只有经过庭园化之后的庭园住宅，就像个园这样的案例，庭园与住宅之间还有一条路；而在何园，连这条路也没有了。可以说，这对古典庭园的理论来说是相当大的冲击。

第八章
上海豫园

一、文人庭园豫园的诞生

1. 豫园附近

说到上海的旅游，过去通常是先逛南京路的繁华商业街，再去外滩，在黄浦江的微风里回顾上海现代化的历史。如果想要了解更多上海的传统特色，建议去旧城里的豫园。在那里，上海 19 世纪以前的古老历史依然活灵活现，或许不会辜负您的期望。

旧城内的区域，直到 20 世纪初，还是由长约四五千米、高 8 米的城墙包围的独立城市，如今已经被埋没在城市街区中。旧城墙遗址现在已经变成环绕旧城的椭圆形路，在地图上看很清楚。位于旧城东北部的豫园景区，包括祭祀上海守护之神的城隍庙，始于门前集市的豫园市场，以及古典庭园豫园等景点。豫园是城隍庙的庙园，这一地区原本是以城隍庙为中心逐渐形成的。但是，豫园不仅在明代和清代一直是上海的标志，而且今天依然以古典庭园的形式向公众开放，作为旧城内的绿洲深受上海市民喜爱，所以还是叫豫园景区更好理解。

无论如何，豫园的历史与上海发展前期的明清时代历史如出一辙，因此，我希望尽可能从上海发展史的层面来展开对豫园的透视。

2. 豫园的诞生与上海

虽说江南的大城市都是继承了自中世纪以来的辉煌历史，但上海却并非如此。唐代中叶，上海始冠名青龙镇时还是一介渔村。宋代改名为上海务后，长江下游地区的贸易开始兴盛，1277 年上海务设置了贸易管理机构的分部，成为上海港的雏形。但是从宋至元、再由元到明的王朝更替期间，上海仿佛一直都在沉睡。

到了明代，朝廷采取朝贡贸易主义的对外政策，这是外国与朝廷的直接买卖交易，民间贸易被禁止，所以上海港并未从中获得利益。但是到了明代后期的嘉靖三十二年（1552 年），在上海开始修筑城墙，作为城市的格局已经形成。然而，当时修筑这座城墙，实际上是为了防犯倭寇对长江下游一带的侵袭，城市的形制与“风水”、方位等都毫无关系，只是快速地修建成椭圆形状。

然而这座城墙的修建，也是当时秘密财富流入上海的证据。当时，明朝通过对日贸易获得了大量的白银收入，由于只允许政府的特权阶层进行交易，民间就与此对抗，开始流行秘密贸易。这些秘密贸易者与对此进行监管的官府之间，就开始上演猫捉老鼠的游戏，在这种混乱状态下又夹杂着倭寇的出没，后来演变成普通民众伪装成倭寇进行秘密贸易（的局面）。所以据说当时“秘密贸易就像所谓的倭寇入侵一样频繁”，上海也不例外。明朝后期（16 世纪）的上海，借助这种秘密（贸易获取）的利益而一跃进入江南城市的行列。

城市繁荣则富裕者出，其子弟遂有志于为官，待功成名就之后，则回归故乡营建庭园。这是宋代以后江南各个城市的一般倾向，上海也在修筑城墙六年之后的嘉靖三十八年（1559 年），一位名叫潘允端（字仲履，号允斋）的年轻举人，在城隍庙相邻的重要地段开始了大规模的庭园营造。在潘允端自己写的《豫园记》中，对造园的原委记载如下：

余舍之西偏，旧有蔬圃数畦，嘉靖己未，下第春官，稍稍聚石、凿池、构亭、艺竹，垂二十年，屡作屡止，未有成绩。

潘允端已经考取了举人，1559 年的进士考试失败。于是在等待每三年举行一次的考试期间开始了造园。后来 1562 年考中进士，因做官到外地赴任，此后二十年间，造园一事就时断时续，一直没有进展。

在这里，不禁产生一个疑问：“刚考中举人的年轻人，如何就能造园了呢？”对此，我们来解说一下“豫园”的名称。“豫”一般是指人们阖家团圆融合之意，园记中说“取愉悦老亲意也”。他的老父亲名叫潘恩，是嘉靖二年（1523 年）的进士，官至左都御史，由此看来，潘允端代替年老的父亲开始造园才是事情的真相。

3. 潘允端的造园

走上官场的潘允端，在万历五年（1577 年）担任四川右布政使时辞去官职，回到故乡全力投入真正的造园工程。园记中这样记载：

一意充拓，地加辟者十五，池加凿者十七。每岁耕获，尽为营治之资。时奉老亲觞咏其间，而园渐称胜区矣。

第二期的造园大约历时五年，于万历十年（1582 年）完成。在设计方面，得到了上海著名叠山家张南阳的鼎力相助。还曾在工程进行期间，为年迈的父亲安排游园活动，但其父还是在庭园全部建成之前去世了。

潘允端营造的豫园究竟是怎样的呢？

其面积大约四万七千平方米，是现在豫园的两倍多。其位置关系粗略地说，从今天豫园的西侧一直扩展到南侧，包括全部豫园市场在内的广大区域。

陈从周教授曾概述豫园的景观：“近人但言上海豫园之盛，却未言明代潘氏宅之情况，宅与园仅隔一巷耳。”“据叶梦珠《阅世编》所记：‘建第规模甲于海上，面照雕墙，宏开峻宇，重轩复道，几于朱邸，后楼悉以楠木为之，楼上皆施砖砌，登楼与平地无异。涂金染丹垩，雕刻极工作之巧。’以此建筑结构，证豫园当日之规模，甚相称也。”（引自《说园》三）又说“我幻想着在明代，当时的亭廊水榭如何？……那种雅淡高洁，明代人的园林意境，如何重新表达出来。”（引自《园韵》之《豫园顾曲》，只是教授所说的“雅淡高洁”的风格，并不是只喜好山水的日本人所说的那种淡雅，更多是从建筑物得来的感觉。潘允端的《豫园记》对园中景观的情形做了详细的描述，几乎都是建筑与湖石。

下面，按照庭园核心部分的游览路线来看一下吧。

庭园的大门在东侧靠南的位置。进入大门不久就是中门，经过几座小建筑和拱形石桥，循着围墙到达玉华堂，可以看到湖石名峰玉玲珑。从玉华堂向北行进，临水之景依次呈现，沿着溪流就来到“巨石夹峙若关”的履祥门。门内湖石曲折盘桓，遍植名花珍木，宛如神秘的仙境，这就是豫园中心乐寿堂周边的环境。

在乐寿堂的北面耸立着大假山，水池在其南面展开，呈背山临流之势，这里则应看成水池中漂浮着小岛的神仙岛模式。

山系以大假山为主山，水池岸边还有客山。水脉则以大假山脚下的泉水为水源，构成环绕全园的水路并汇于大池。沿着“大假山—乐寿堂所在的山丘—水池”这条中心线，各种景观在其左右两翼展开。乘舟观赏园中景色，就是潘允端体谅年迈的父亲而设计出的游览方式。

但是不管怎样，园中的建筑才是压轴大戏。乐寿堂位于现在的三穗堂一带，作为全园的代表性建筑可谓尽善尽美，堂名是为了祈愿父亲长寿而命名的。另外，现在的仰山堂过去叫征阳楼，这是因为潘允端的小名叫征阳。又由于“征阳”是取自唐代神仙吕洞宾的号“纯阳子”，所以在征阳楼内配祀吕洞宾。后面类似的建筑不胜枚举，在各式各样的建筑意境中，都能感受到非常浓厚的家族亲情，这可以算是此园的特色了。潘允端对此这样说道：

大抵是园不敢自谓“辋川”“平泉”之比，而卉石之适观，堂室之便体，舟楫之沿泛，亦足以送流景而乐余年矣。

虽然豫园不像王维的“辋川别业”和唐代宰相李德裕的“平泉山居”那样气派，但是潘允端造园的志向是毫不逊色的。那么，潘允端会不会对自己营造的这座豪华庭园，忽然产生了空虚之感呢？园记最后这样记载：

第经营数稔，家业为虚，余虽嗜好成癖，无所于悔，实可为士人殷鉴者。若余子孙，唯永戒前车之鉴，无培一土、植一木，则善矣。

4. 明代的豫园遗构

豫园的介绍上写着“今天的豫园将明代中叶以后各时期的庭园艺术汇集于一堂”。我们从中选出保留着明代风貌的四处景点来欣赏一下。

（1）大假山（图 37）

首先是张南阳堆筑的大假山。由于使用坚固而易于修复的武康山黄石堆叠而成，假山至今依然保存完好。正如园记记载的“为冈、为岭、

图 37　保留明代特点的大假山

为涧、为洞、为壑、为梁、为滩，不可悉记，各极其趣”，这座假山拥有精致的构成和多彩的构筑方式。特别值得一提的优点是：石壁的森严之趣，架设于溪谷上的飞桥之趣，跨越绿水的平桥之趣，这三点可谓“豫园大假山之三绝”。

庭园的主假山被称为园主的胸中丘壑，也就是潘允端的自画像。而他自己则自我吹嘘是“崚嶒秀润”，恐怕这“崚嶒秀润”正是他希望成为的那个自己吧。他曾从征阳楼（今仰山楼）的书斋窗户中眺望大假山，而这个角度的画面，无论过去还是现在一直都是豫园的主景。

（2）隔水花墙（图 38）

大假山脚下有泉水自西向东流出，溪水从两座小院穿行而过，两座

图 38　隔水花墙（引自《豫园介绍》）

小院之间是分隔空间的墙壁，从中可以看出明代以来的精致技法，此墙被称作“隔水花墙”。今天从鱼乐榭看这座花墙，眼前有水面模仿溪流，水从花墙正面的圆拱门下一直延伸进入后面的庭园。花墙运用了下面三种漏景的手法，彼此之间表现出相互协作的效果。

第一种是横跨水流的圆拱形洞门。圆拱的形状倒映在水中，形成了满月般的圆形影像，而满月之中又映射出相邻庭园的片段小景。

第二种是洞门上方镶嵌在白色墙壁上的矩形花窗。透过花窗的镂空纹样，可以看见后面庭园的浓浓绿意，正与水中倒映的园景相得益彰。

第三种是墙壁上部瓦制墙脊的镂空图案。瓦脊色黑而有力，将白色的墙壁与天空区分开，从黑色脊瓦镂空的缝隙间漏出微妙的天光，与相邻庭园的树影相呼应，给人留下非常强烈的印象。

（3）三曲复廊（图 39）

刚才看到的水面北岸有一座曲折的长廊，它被称作“三曲复廊”。导游会介绍说“这一构思为狭小的庭园增添了丰富而有趣的空间变化”。

复廊南侧是沿溪水展开的明媚的山水之景，北侧与巨大的船型建筑的夹缝中还植有树木，所以光线非常昏暗。因此，复廊就交替呈现出性格迥异的二重景致，复廊本身只有十几米长，却夸张地折了三次，透过复廊墙壁上的窗户观景，有时视线会一次穿越两个窗户，直接看到的景和透过窗户看到的景相互交错，构成了一幅幅梦幻般的画面。

（4）玉玲珑

园记中记载“循墉东西行，得堂曰‘玉华’，前临奇石，曰‘玲珑玉’，盖石品之甲，相传为宣和漏网，因以名堂。”。

所谓宣和遗石，是指北宋末年，徽宗皇帝为修筑宏大的离宫艮岳而组成名为花石纲的大型船队，从江南地区运送连根拔起的太湖石和名木等。其时年号“宣和”。然而运输途中很多湖石落入水中，后来耗费很

图 39　三曲复廊（引自《豫园介绍》）

多劳力打捞出来的湖石就叫做“遗石”。今天，江南庭园中称为名品的湖石大抵都是宣和遗石，其中玉玲珑堪称江南三大名石之首。

关于玉玲珑究竟是怎样的石头，导游这样说：“玉玲珑高约 3.3 米，上下有孔相通，颜色青黑，仿佛历经千年的灵芝。关于此石，过去的人们曾说，如果在湖石的下部孔洞中焚香，可见烟气从石头上部的数个孔洞中袅袅升起。若从石头最上部浇水，从石头下方的各个孔洞滴答落下的水滴，就像天女散花一样。”

二、西园作为公会庭园的活跃

1. 黎明期的上海与东园

康熙乾隆二帝南巡之际，通过巡幸江南各地的名园和名刹古寺，掀起了扬州的造园热潮，江南各地的造园机会越来越多，对庭园的认识也日益提高，有无名园成为当时代表城市文化水平或者活力的晴雨表。

当时的上海，正好赶上了团结一致、赶超先进城市的机遇，所以掀起了共同造园的话题，康熙四十八年（1709 年）修建了东园，作为城隍庙的庙园。这座庭园原本是为城隍庙举办庙会或信众的集会之用，不久后，东园成为上海经济界领头人经常集会的场所。

如今，东园成为豫园南端的内园而被保存下来。内园虽历经数次灾祸，但每次修复时都保持与原型一致，所以至今依然可以看到康熙时代的造园手法。因此，看了今天的内园就能了解东园的概略。

如今作为豫园内园的东园，是面积大约 1400 平方米的小庭园，正如俗称豫园的“园中园”一样，它具备作为一座庭园的所有功能。虽说是庙园，却与宗教仪式没有直接关系，而是模仿文人庭园建造的。下面就绕园一周看看吧。

通过狭窄的小路进入庭园，有一座静观厅晴雪堂，是庭园的主要建筑。大厅之前横亘着一座湖石假山却没有流水。四处张望，假山东面的山脚处可见石栅。走过去一看，果然不出所料，在石栅之内的深处有股小小的水流。水流从假山顶上涌出，流入深深的谷底，再缓缓注入隐藏在墙壁另一侧的小水池。我不禁对这种出乎意料的隐水手法叹服不已。

经过可以观、别有天两座建筑登上山顶，山顶上耸立着耸翠亭，这座两层的豪华建筑与小园极不相称。从那里向湖石假山下望去，尽是忽上忽下、或隐或现、曲折多变的小径，那些湖石奇峰都被赋予了各种寓意，或天官、或寿星、或白鹿、或神猴、或五蝠，简直就是一组生动多姿的群像。

如果不走山路，从耸翠亭也可以依次下到不系舟、延清楼、还云楼、观涛楼等建筑。这种连续的建筑叫做串楼，每个建筑虽各有不同的趣味，却并不太高级。在山上修建不系舟这样的画舫也很不自然，因为整座山都是海中的仙境。

下山之后就是观涛楼。这座三层的建筑过去叫“小灵台”，清朝时为城东最高的建筑。在此登高可观赏“沪城八景”之一的“黄浦秋涛”。建筑墙面的做工非常细致、精巧，若要仔细观看可要花费不少时间呢。

概括起来，说实话此园并没有文人的高雅追求。园中的所谓“艺术”，实际上全部都是与现实利益的追求相关。换言之，正是这种民间信仰的基础，才使它成为了城隍庙的庙园。

2. 发展期的上海与西园

从营造东园时起，就有了“在城隍庙北侧的空地上重建明代的豫园并恢复其声誉”的讨论，终于在五十年后的乾隆二十四年（1759 年）实现了。这一年收购了豫园的全部旧址，并着手开始重建。虽说是豫园的重建，也只不过是为了提高上海文化的声誉所做的宣传，实际上就是在通常所说的东园延长线上营建庭园。因此，庭园的名称就与东园相对而称“西园”，并成为城隍庙的庙园。然而，庭园的布局与明代豫园相似，规模很大，由于资金周转跟不上，历时二十几年才终于完成。换言之，西园的营建以当时上海经济界的实力来说，就是一场近乎草率的豪赌。

而这场盲目的赌博不久就得到了巨大的回报。乾隆四十八年（1783 年），西园的工程如约完工时（图 40），过去持续一个世纪的南巡结束了。江南的经济结构和运输体制也随之发生了急剧的变化，上海取代扬州获得了港口城市的宝座。

外国列强针对中国展开的攻势促使上海作为港口城市迅速发展。乾隆五十八年（1793 年），英国马戛尔尼使团访问北京，提出在广东开展

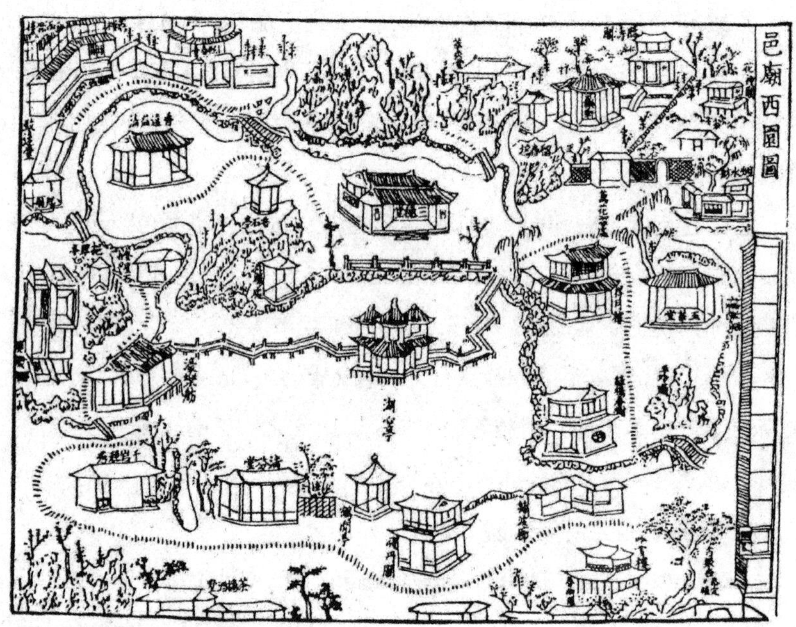

图 40　鼎盛时期的西园之图（引自《豫园介绍》）

贸易之外增加在中国北方地区的贸易要求，但最终谈判破裂。史学界有观点认为这样的结局导致了鸦片战争。鸦片战争敲开了清朝的大门，于道光二十一年（1842 年）签订了南京条约，开放了广州、厦门、福州、宁波、上海五个通商口岸。在这些港口中，上海如马戛尔尼使团最初希望的那样，占据了中国贸易的枢纽地位。

开埠以后的上海，在城北部建设了英国租界和法国租界，并逐渐成为外国资本的进出基地。为了应对这种局面，上海经济界将西园作为民族资本的基地积极利用，其中的建筑物被当作各个行业公会的专用场所，成为上海经济界真正的综合基地。

说到当时的状况，大假山的周边是西园的标志，明代豫园之景被原封不动地保存下来。其他部分的各个建筑区块按照行业种类划分，被用作各种公会的集会场所、办公楼、交易所等，在清朝末年还设置了子弟学校。这些公会的数量每年不断增加，至 1875 年已达 21 个。另外，东园的建筑也于 1776 年开始被用作钱业公所。

（1）三穗堂及其周边

三穗堂是于乾隆二十五年（1760 年），在曾经的乐寿堂遗址上建成的豆米业公会的公所，作为西园最初阶段修建的建筑，代表西园的盛况。

三穗堂的门扉上有谷物题材的浮雕，这是与豆米业公所相关的、有丰收意味的“三穗”一词经过图案化之后的装饰。进入内部，正面高悬着“城市山林”“灵台经始”“三穗堂”三个大大的匾额以及《豫园图》（图 41）。从这些陈设也可以看出，三穗堂与乐寿堂同样都是全园的中心建筑，但却不是乐寿堂的复制品，而是与豆米业公所相呼应的全新设计。西园的其他建筑大概也都如此。

图 41　三穗堂内部（引自《豫园介绍》）

豆米业公会拥有清代最大的组织，其管辖之下的三穗堂也是谷物业界评议商定价格和成交量的场所。而且，由于管辖机关利用这座建筑向各地的业界领头人传达政府的意图，豪绅富商们便在此交换情报，当时的三穗堂逐渐成为上海首屈一指的社交场所。

伴随着三穗堂的繁荣，三穗堂前面朝莲花池的广场也变成了上海一年中举行各种例行活动的场所。没有活动时，来自全国各地的流浪艺人聚集而来，又成为表演武术、曲艺、魔术、评书、歌舞等的繁华闹市。当初水池周围的绿波廊、濠乐舫、鹤闲亭等建筑本是庭园之景，后来都变成了茶馆、酒肆、饭馆等。其中，至今还位于莲花池中央的湖心亭，1784 年时变身成最早的茶馆（图 42）。

图 42　从湖心亭可以看出清代琐细的技巧性

（2）得月楼与书画楼

莲池的东岸有一组伸出水面的建筑。其中绮藻堂及其二层的得月楼，因其豪华和精致而为人所知，特别是俯瞰莲池的得月楼，作为赏月的楼台而得到社会的认可。这些建筑在 19 世纪前期，曾经由对中国纺织业发展做出贡献的布业公会使用，如今的建筑是 1883 年复建的。

与绮藻堂一庭之隔的书画楼也叫藏书楼，是清光绪年间的建筑。城隍庙的门前市场中有很多售卖文房四宝的店铺，其中最有名的就是这间书画楼。特别是这里曾开设上海第一个古书和国画市场，成为上海文人兴趣爱好的中心。

相关负责人有虚谷、任伯年、吴昌硕等海派画家和著名书法家，他们把书画楼作为艺术活动的据点。这里还是 1911 年由高邕之和蒲作英等成立的“上海书画善会”的根据地。

这些画家和书法家们毫无例外都冒充隐士，他们聚集在书画楼即席作书作画的身影，在世人看来非常奇异而又新鲜。这意味着他们已经开始步入职业艺术家的道路。

3. 新时代的上海与西园的没落

根据 1842 年的南京条约，上海成为国际化港口之后，新秩序不断涌入上海，与旧秩序之间产生了矛盾对立。

新秩序的第一条就是基于南京条约相继设置的外国租界。自从 1845 年开设英国租界开始，又后续建设了法国租界、美国租界、日本租界等，外国租界一有事件发生时，就胁迫清朝政府并从中获取权益和领域，控制关税，获得银行、商馆、工厂，还依据治外法权在上海城内发生骚乱时实行防卫。这些对于中国来说是非常屈辱的，但是中国的权势阶层为求安全也在租界定居下来。上海小刀会起义以后，在租界居住的中国人数量从五百人增至八万人。这些人逐渐变成了租界的廉价劳动力，中国富人阶层便想将纤维、造船等新兴产业部门转移到租界中，由此，中国的民族资本开始进入外国租界。

与此相对上海城内的状况又如何呢？

本来上海城只是针对外来攻击起保护作用而修筑的，高高的城墙围合下，狭窄的街巷错综复杂，无序地交织成迷宫状。今天在豫园市场附近还可以看到这样的环境，西园被这种旧时代的环境完全包围，无论其内部怎样变化，也无法适应新时代的形势。因此，西园各业界的首脑们已经觉悟到上海经济的中枢必须向北移动。事情的起因是上海小刀会起义。

太平天国军队于 1853 年 3 月占领南京并定为首都，同年 9 月，与此相呼应，上海小刀会也占领了上海。小刀会是一个高喊着反清复明，同时寻求与太平军会合的武装起义团体，其主体是由广东、福建的船工秘密结社的天地会、小刀会等，又加入了上海的工人和近郊的农民，从而形成不容忽视的势力。事态呈现出长期对战的状态，很快清军转入包围作战，本来持中立立场的西方列国中，法国军队参与了清军的作战，1855 年 1 月上海小刀会起义失败。

在对战的一年半内，上海小刀会首领之一的陈阿林，将西园的点春堂作为他的城北指挥所，清军入城之后将建筑烧毁，整个西园也遭受被掠夺蹂躏的厄运。

1860 年，李秀成率领太平军再次逼近上海。西园成了义勇军和雇佣兵的宿舍，再度遭到军队的蹂躏。但是战乱一经平息，就直接开始着手修复。

由于这些事件，城内的人口从二十七万人一下减少到四万人，其后更呈现持续减少的倾向。后来事件平息后，由于事件主角的福建、广东的船工被全部抓捕起来，西园丧失了支撑其商业活动的重要劳动力。更加糟糕的是，事件之后西园的商业活动都被置于清朝当局的严密监控之下，再加上这些清朝官吏为中饱私囊而不择手段，正常的经济活动已经完全无法展开。

如此一来,西园的经营者们就失去了团结的力量,每个人都各寻出路,纷纷想方设法逃进清朝当局权力达不到的外国租界。

进入 20 世纪后，以辛亥革命为开端，新秩序不断涌现。上海为了适应这一时代的激烈变化而拆除了城墙，与外国租界互通有无。此后，西园的建筑历经动乱几度被破坏，业界没有对其修复，而是借机从西园撤退出来。这样一来西园变得千疮百孔。1937 年 8 月发生八一三事变，西园中央部分遭到日军空袭而遭受巨大的破坏。此时的西园已经陷入孤立无援的境地，对这些伤痕毫无修复能力。

（1）点春堂附近

点春堂是建于 1821 年的福建商人糖业公会的公所，在 1853 年损毁，经过 1868 年的重建和 1949 年以后的修复，重新恢复成宏伟精致的建筑。如今与其北部的藏宝楼一起，成为“上海小刀会起义历史陈列馆”，内部展示着小刀会起义经过的说明、小刀会使用的武器、称为日月钱的铜币、布告以及各种文献等多方收集的资料。进入点春堂，首先映入眼帘的，是正面墙上悬挂的任伯年《观剑图》，曾有传言说任伯年是小刀会的成员，即便是谣传，单从这幅画来看，他至少曾是上海小刀会的同情者。

点春堂之名取自苏轼的诗句“翠点春妍”，从点春堂到和煦堂之间的建筑，都曾以春光明媚为主题。然而在上海小刀会起义后的复建过程中，各个公会各随己意建造，现在已无法读取当初的造景意图。在这些建筑当中，点春堂东南部的快楼，是清末喜好珍奇的奇特建筑的代表。

更能象征这种恶俗趣味的表现还有龙墙。所谓龙墙，就是云墙上下起伏呈波浪状，白灰墙壁上覆以黑瓦，并装有龙头和龙尾。围绕点春堂一带建筑组群的墙壁，以及大假山西侧的墙壁等都有龙墙出现。在文人的常识中，说到“云”自然就想起“龙”，即便如此，必须加上龙头龙尾才会安心，这便是建造龙墙的思维方法。导游说：因为龙墙只能在皇帝的宫苑中使用，在这里为了向皇帝表示敬意，就少做了龙爪的一根指头……

（2）会景楼周边

如今，在遭受日军空袭破坏的豫园中心部建起了会景楼。这一带是1959年重新设计修建的，一层叫敦厚堂，二层叫会景楼。

会景楼西北部的九狮轩，是中华人民共和国成立后按全新的构思建造，其类似近代公园的风情，为市民提供了一处很好的休息场所。

根据木津雅代先生的著书《中国的庭园》，1986年开始对豫园东部的修复，历时一年完成，书中详细介绍了工程的内容。

4. 门前市场的侵占

好不容易构筑起来的西园体制就此崩塌了，而城隍庙门前市场的范围却越来越大。

清代初期，城隍庙周边大小排列的几家商店就是所谓城隍庙的门前市场。1760年前后开始，西园成为各行业公会的根据地后，门前市场的各家商店纷纷与公会签约，在公会建筑物内开设起了茶叶店或小卖铺。这种相互依存的关系逐渐发展，后来伴随着西园的极度兴盛，店铺的生意也日益繁荣，逐渐聚集起了资本。

上海小刀会起义以后，在西园遭受危难的时期，公会建筑遭到严重破坏，无力重建。而那些没有陷入困境的中介机构或私人商店购入了这些旧址地块，这些私人商店稳定之后，将店铺一间间连续开了下去。

私家店铺对西园的蚕食达到怎样的程度呢——

西园的东半部，由于点春堂周边的建筑经过了多次重建，私人商店的入住似乎还比较少。但是被日军轰炸的庭园中心区域附近，据说成了私家商店的集合区。

西园的西半部，很早以前就被私家商店占据了优越的位置，就像水渗透进纸张一样，逐渐向西园内部侵蚀。最终，从大假山往西的部分和莲池周围的区域的庭园已经无法连接成片，私人商店数量不断增加，终于发展成了今天的豫园商场。

三、豫园作为市民庭园的复活

1. 古典庭园的公共化

虽然对古典庭园还没有明确的定义，但在中国应该是指封建王朝时代的庭园。在中华人民共和国诞生之后不久，中央政府和地方政府的文物部门将封建王朝时代的名园指定为文物保护单位。被指定后的庭园成为人民共有的财产，就是今天所说的古典庭园。

如今，这些古典庭园（按照中国的习惯）分为以下四类：

（1）皇家园林：皇帝的宫苑和离宫园林。

（2）私家园林：以特权阶级文人官僚的庭园为中心的私人庭园。

（3）宗教园林：各地的寺庙等（园林），皇家园林中的寺庙除外。

（4）风景园林：名胜区等地的园林，称为公共园林。

如果从园林文化史的角度来看古典园林，就像“前言”中所说的那样，只分成宫苑系园林与文人的庭园两大类就够了，其余两种就是这两类园林的应用而已。但是如果仔细看这四种类型，从园林的所有形式来看，可以分成（1）和（2）的私家园林，和（3）与（4）的公共园林。这种分类方式在特权阶级权力万能的旧时代是不可想象的；这是在今天中国社会主义体制下，从时代出发的全新分类方式。

对以上园林二分法重新考虑后发现：私家园林，曾是领导封建王朝时代的园林中的明星，如今已经丧失存在的意义，属于本该灭亡的园林。

与此相对，公共园林虽然以前并不引人注目，如今却成为新时代园林中的主角。于是，曾一度面临灭亡危机的私家园林，如今作为人民大众的公共园林承担起新的任务。

此时，耳边仿佛听到“如今的时代，是中国历史上前所未有的时代，园林正在面临巨大的价值转换”。然而，这种转换真的是今天才开始的吗？

我们知道，这种情况在18世纪的上海已经出现了。那就是西园。西园，虽是作为上海城隍庙的庙园而修建的，但却不是普通的庙园，而是打着恢复明代的文人名园豫园的旗号；同时，西园的修建以构建上海经济基地为目的，并以庭园作为公共活动区域。所以，清代的西园，也可以说就是今天所谓的古典庭园公共化的先驱。

2. 西园具有的现代性

中华人民共和国成立后不久，上海市人民政府就修复了西园和东园，并命名为“豫园”，于1959年向公众开放。这次修复是以清末时期的状况为基础，东园保持原样，西园的西半部与南半部分已经不存。只有点春堂的建筑变成了上海小刀会起义历史陈列室，按照上海小刀会起义时的1853年前后的状况，建成了华丽的建筑。从这些修复的过程来看，豫园是恢复了明代的园名，却继承了清代西园的形式。

清代的西园是为恢复明代豫园的气概而修建的，实际却是建筑物极多的庭园。数量众多的建筑物承担着上海各行各业的集会所、展示场、交易所、事务所等实际功能。中国的建筑学者指出，这样的西园是近现代“会馆建筑庭园”的滥觞。

在中国，会馆是指为身处异地的同乡、同族、同业者等团体，以彼此亲睦、相互帮扶，或者举行祭祀等为目的而设的建筑。这些团体的起源可以上溯到宋代，而组织的兴盛则在明清时期。从19世纪末开始到20世纪前半叶，民族资本家的成长伴随着华侨的进出国境，会馆的建筑越发引人注目。其中，还出现了类似欧美俱乐部带有庭园的建筑，这就叫做会馆建筑庭园。

在上海很早就有广东会馆、福建会馆等同乡组织的建筑。这些会馆成为各地工人秘密结社的支部，承担着为属下工人排忧解难、为业界客户提供来自各地的信息、在运输机构或工人之间进行斡旋的职责。这些会馆相对于西园来说，虽然也是实际上支撑这些活动的重要场所，但不同的是，当时的西园是为上海资本家的上流社会服务的，一般平民禁止出入，与那些照顾劳动者的会馆截然不同，因此这些会馆不能在西园中同时存在。

然而，西园在另一层意义上的确是具有会馆性质的建筑。例如被上海小刀会的首领陈阿林作为城北指挥所的点春堂，原本是福建花糖业公会的建筑，陈阿林是其中重要的会员。所以点春堂明显既是同乡组织，也是同业团体的建筑。不过有观点认为"由于西园以明代豫园为标准，具有统一的庭园构成，所以它不是由一座座单体建筑组成的会馆建筑庭园"。但是以上海小刀会起义为分界点，各种各样的公会建筑独立性越来越强，特别是西园东部的点春堂周边的建筑，都是各个公会各随己意改建的，最终，这一问题有了明确的定论。

如此看来，中国建筑学者说西园是"近现代会馆建筑庭园的滥觞"时，"滥觞"一词的使用，即便不能说明它一定具备了会馆建筑庭园的全部要素，也依然能够肯定清代的西园已经具备了近现代会馆建筑庭园的特点。

3. 超越时代的传统力量

"豫园已经忘记了文人庭园的宗旨，成为极端的以建筑为中心的庭园"，这种看法是基于豫园"形态"上的见解。若观察豫园之"心"，未必就能说它忘记了文人庭园的本义。

进入豫园的三穗堂，在正面"三穗堂"匾额之上，还高悬着写有"城市山林”和“灵台经始”两块额匾。灵台经始，表示此园是四千年前为祭祀天神地祇而修筑的灵台的末裔。而城市山林，则表示此园继承了始于宋代的都市型文人庭园城市山林的精神（参照图 41）。

豫园由此传达出：不论庭园“形态”如何变化，庭园之“心”依然不曾改变，即便在今天，这种气概也没有衰落。我曾在上海的一本本地杂志上看到过这样的文章：“上海是各类人群杂居的大都会，认为市民没有爱乡之心的见解是错误的。上海市民的独立自主和团结合作的精神，确实是有传统的，豫园的历史就是其传统的根基之一。”文章接着从上海城隍庙的建立，到西园的营造，再到上海小刀会起义，阐述了上海市民这种独立自主精神和团结合作意识为代表的爱乡之心。

这篇文章虽然已是数十年前的旧文，但我依然能够深切地感受到，不只是今天豫园所继承的明代豫园的辉煌，而且西园经历过的上海的历史，也都成为今天上海市民的精神支柱。

4. 预测未来之庭

我一直在考虑豫园中潜在的现代性，衷心期待着能从古典庭园的传统中产生出新庭园的案例。这时，在中国开始兴建园林风、水院风之类的新式旅馆和饭店，看起来像是好莱坞娱乐电影中出现的中国宫殿，都不是满意之作。然而今天突然之间，这个愿望就在蒙古大草原上飞驰的列车中实现了。

从北京到乌兰巴托坐火车需要两天时间，列车在边境的二连车站停车时，我在车站休息室介绍中国的画报中间，发现并拿了一本《中国庭园》，在行车的枯燥乏味中翻看起来。这本画报刊登着五座皇家园林和十四座私家庭园的照片，除此之外，还有明轩和芳华园两座新建庭园的照片。

于是，我在二月的蒙古一片荒凉的银色世界里，一边欣赏这两座新庭园的照片，一边在心中描绘出中国新园林的教科书。

（1）明轩（参照图 43）

明轩是陈从周教授提议，以网师园别院的殿春簃前庭为原型，后经多人组成的专家和技术人员团队共同努力，于 1980 年做于纽约大都会艺术博物馆中的庭园，此园英文名为 THE ASTOR COURT。

殿春簃的前庭和明轩，作为内庭布局非常相似。然而，殿春簃的前庭是作为网师园景观的一部分；而明轩则是位于美术馆中的独立庭院，因此二者在造景上存在差异（参照第 4 章的图 19）。

殿春簃的内庭为了强调与网师园整体的关联性，在小院南侧设置湖石使人联想起小山丛桂轩南部的湖石群，又设计了幽深的涵碧泉使人感受与园内大池相同的水位；而明轩都没有这些。另外，站在殿春簃院落中央看向东墙洞门中的框景，堪称网师园框景中最优美的一处；明轩也没有。

既然这样，明轩之景的看点究竟是什么？

图 43　明轩（引自《中国一瞥》）

我认为，设计者是以欧美的观赏者为对象来构思这座庭园的。为此，他们完全排除了文人庭园中的各种理论，例如庭园必须是园主自己来营造，必须是非日常的空间，必须是独创性的艺术，要有绝对多的自然空间而不是建筑空间，等等，只保留了庭园的形态，把它作为纯粹的造型之美来欣赏，所以是选择了“庭院”而不是“园林”。

这就是自明代后期开始直至清代，中国庭园所走过的道路。文人庭园中的造景已经无处寻觅，只有那些思想和理论成为空话，造成古典庭园今天这样的实际情况，难道不应该进行深刻的反思吗？

（2）芳华园（图 44）

今天的芳华园，是1983年举办的慕尼黑世界园艺博览会的展出作品，后在广州再建而成的庭园。它建在面积广大的兰园西侧一个名叫兰圃的

图 44　芳华园的画舫与中门（引自《中国一瞥》）

山丘上，位于南国特有的茂密树林之中。

下面就绕着庭园看一下（图 45）。

跨过兰圃西边的河流来到山丘脚下，巨石下有一泉。从泉池沿着曲折的山路蜿蜒而上就到了园门，园门是从山丘斜面探出到山谷一侧的结构，上面由开满淡红色小花的蔓草完全覆盖。

从园门到中门有一条道路贯穿树林，山侧的林间漏出池水的波光，山谷一侧则是深不见底的茂密林海。再往前就看见白粉墙上的中门，穿过洞门，眼前立刻出现陡立的岩壁，清澈的泉水沿着石壁流淌而下，仿佛漂浮在岩石表面的美丽纹样，羊齿叶在轻柔的凉风中微微颤动。看到这一画面的瞬间，我想到的是“这就是茶庭啊！”

弯曲的小路沿着山侧绵延萦回，一直通向池边的画舫。画舫在这里取代了四面厅，进入内部，窗户中的山水宛如绘画，站在船头，竟然生

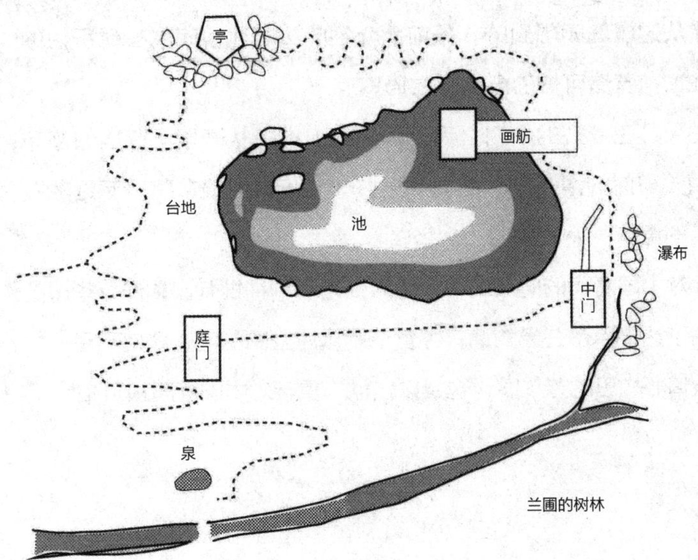

图 45　芳华园的布局（引自《中国一瞥》）

出要去东海寻访仙宫的想法。

穿过画舫来到对岸，从那里开始沿着陡峭的岩石小径，在青凤蝶的翩翩起舞中登上山顶，那里有一个小亭子。视野里只有满目葱翠的树海和天空，目光落到脚边的山崖下，有一个像瞳眸似的小水池，池边画舫和中门屋顶的黄色瓦片，宛如小小的宝石熠熠生辉。这一次远眺，将思绪从之前面对山水时的纤细和敏感，一下拉回到广阔的宇宙。

从亭子下到水池西岸的高地。在那里坐下来便隐身于茂密的灌木丛中，立起身来又可以反观刚才的亭子。在迂回蜿蜒的羊肠小道慢慢前行，还可以回到草花遮蔽下的园门。

这一圈下来留意到的是庭园虽小但建筑很少。由于小庭园中静观的时间很长，所以建筑物多是小园的特点；而此园的建筑只有两门一舫一亭。但是，只靠这些，就设计出了这座小园，能在园中充分享受可行、可望、可游、可居的“四可”乐趣。

我从这座庭园想到的，是前面介绍的法国达鲁库尔公爵所说的“中国人在窗前营造可怕的瀑布”之语。

进入这座庭园的中门之后，眼前马上出现从岩壁上跌落的瀑布，正是所谓“窗前的瀑布”；然而，它并非“可怕的瀑布”，而是散发着东方之美的瀑布……

针对中国清代的咫尺山林，世人提出了种种批判。或许芳华园的作者意识到了达鲁库尔公爵的话，才营造出这座庭园的吧。即使不是这样，我想如此精心构思的芳华园，也足以让世人重新对中国庭园刮目相看了吧。

附录

江南各地名园位置图

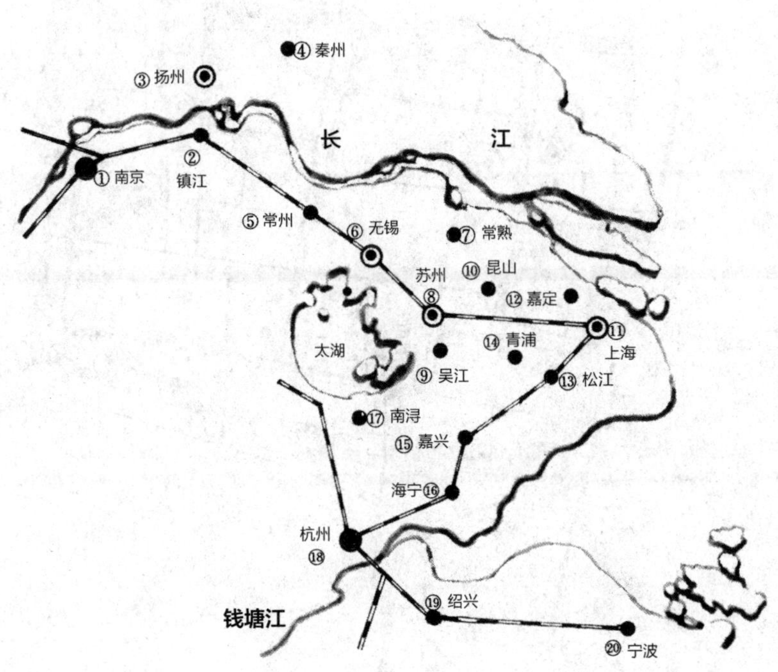

①南京（瞻园、煦园、半山园、莫愁湖）②镇江（焦山、招隐寺）③扬州（附页）④泰州（日涉园、水绘园）⑤常州（近园、红梅阁）⑥无锡（附页）⑦常熟（燕谷园）⑧苏州（附页）⑨吴江（退思园）⑩昆山（玉峰山）⑪上海（豫园）⑫嘉定（古猗园、秋霞圃）⑬松江（醉白池）⑭青浦（曲水园）⑮嘉兴（烟雨楼）⑯海宁（绮园）⑰南浔（嘉业堂、小莲庄）⑱杭州（西湖、西泠印社、刘庄、汾阳别墅）⑲绍兴（兰亭、青藤书屋、沈园、东湖）⑳宁波（天一阁）

注：平面示意图所表示的庭园布局，均为原著作者成书当初的状况。

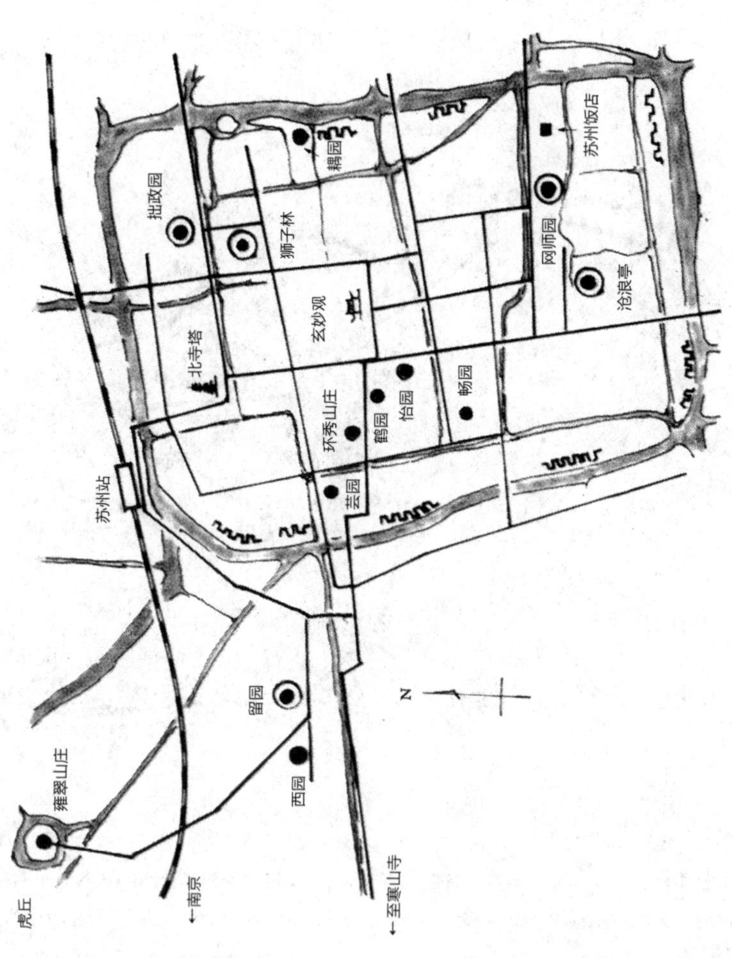
拙政园
狮子林
耦园
苏州饭店
网师园
沧浪亭
玄妙观
北寺塔
环秀山庄
鹤园
怡园
畅园
艺园
苏州站
留园
西园
拥翠山庄
虎丘
←南京
←至寒山寺
N

苏州名园位置图

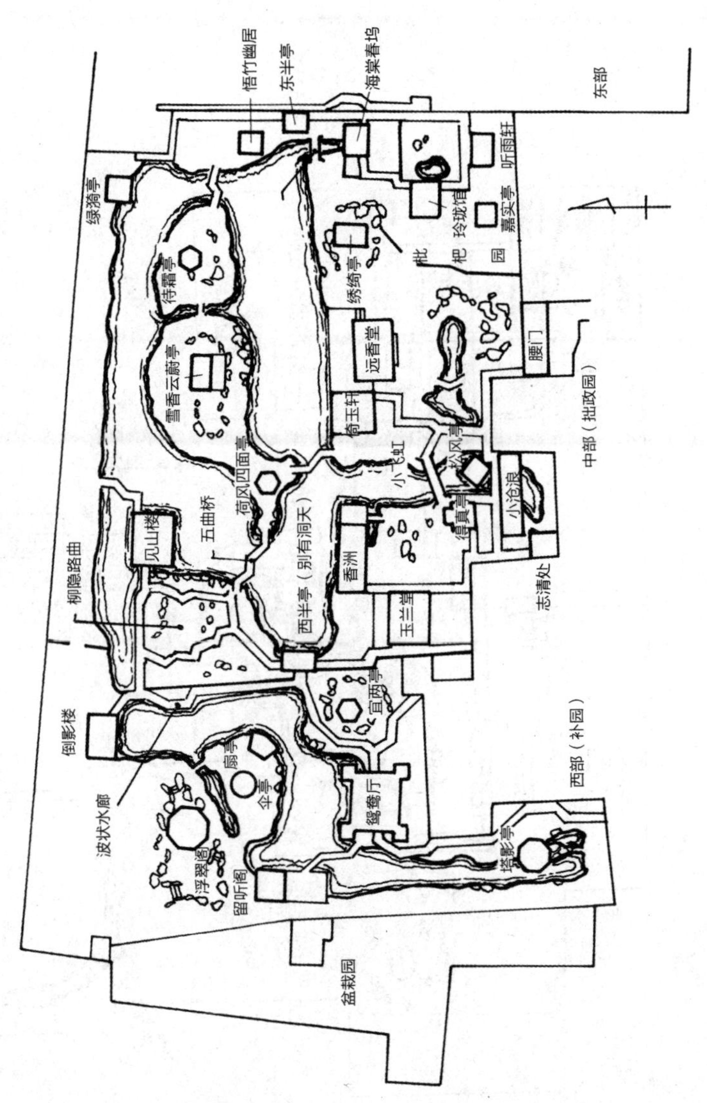
梧竹幽居
东半亭
海棠春坞
东部
听雨轩
绿漪亭
玲珑馆
嘉实亭
枇杷园
待霜亭
绣绮亭
远香堂
腰门
雪香云蔚亭
倚玉轩
中部（拙政园）
荷风四面亭
小飞虹
松风亭
小沧浪
五曲桥
见山楼
西半亭（别有洞天）
得真亭
香洲
志清处
柳隐路曲
玉兰堂
宜两亭
倒影楼
西部（补园）
扇亭
伞亭
鸳鸯厅
波状水廊
塔影亭
浮翠阁
留听阁
盆栽园

拙政园平面图

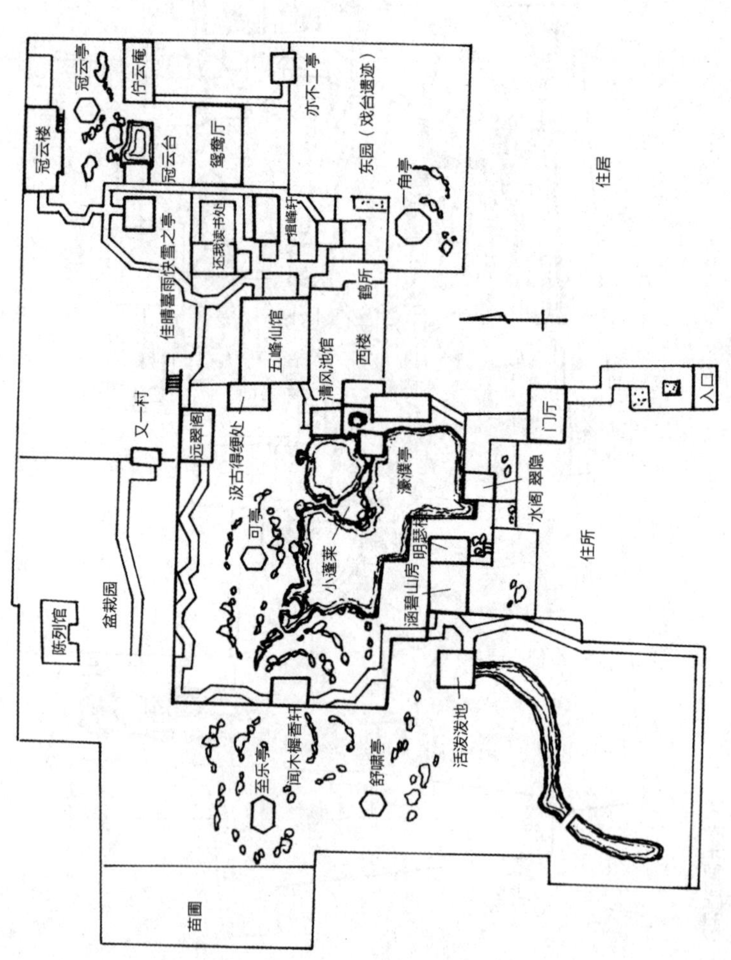
冠云亭
伫云庵
亦不二亭
冠云楼
冠云台
鸳鸯厅
东园（戏台遗迹）
一角亭
佳晴喜雨快雪之亭
还我读书处
揖峰轩
住居
鹤所
五峰仙馆
清风池馆
西楼
又一村
远翠阁
汲古得绠处
入口
门厅
濠濮亭
可亭
小蓬莱
明瑟楼
水阁
翠隐
住所
涵碧山房
盆栽园
陈列馆
活泼泼地
闻木樨香轩
至乐亭
舒啸亭
苗圃

留园平面图

网师园平面图

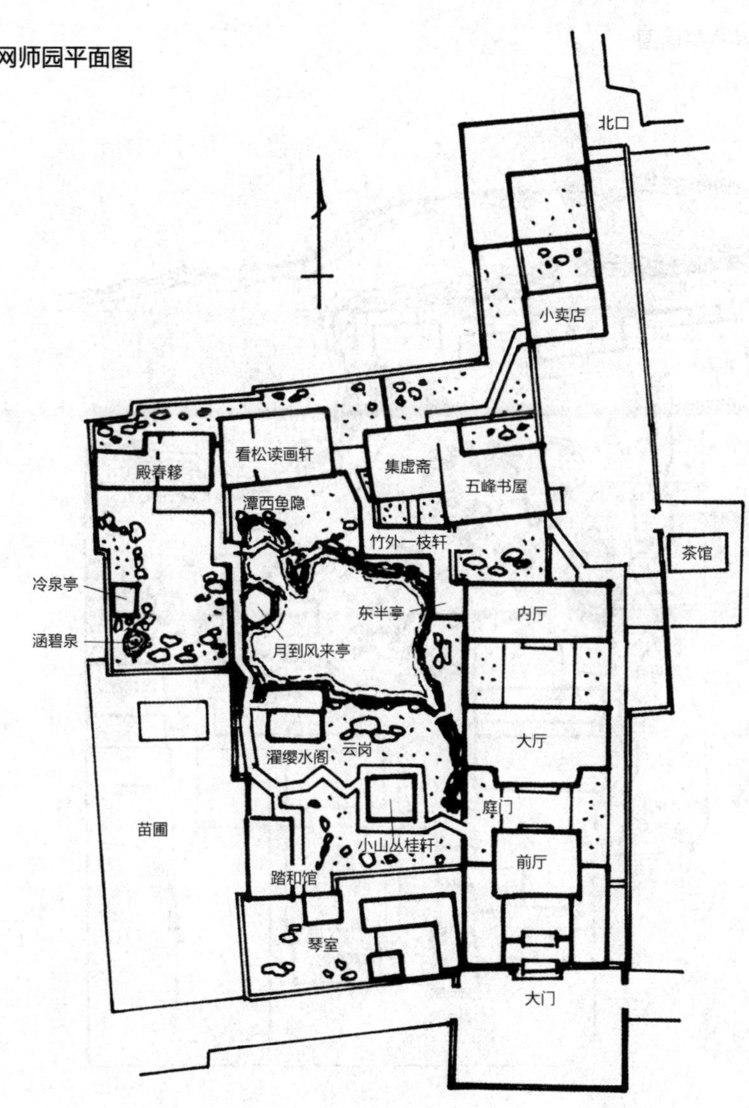
北口
小卖店
看松读画轩
殿春簃
集虚斋
五峰书屋
潭西鱼隐
竹外一枝轩
茶馆
冷泉亭
涵碧泉
东半亭
内厅
月到风来亭
云岗
濯缨水阁
大厅
庭门
苗圃
小山丛桂轩
前厅
踏和馆
琴室
大门

沧浪亭平面图

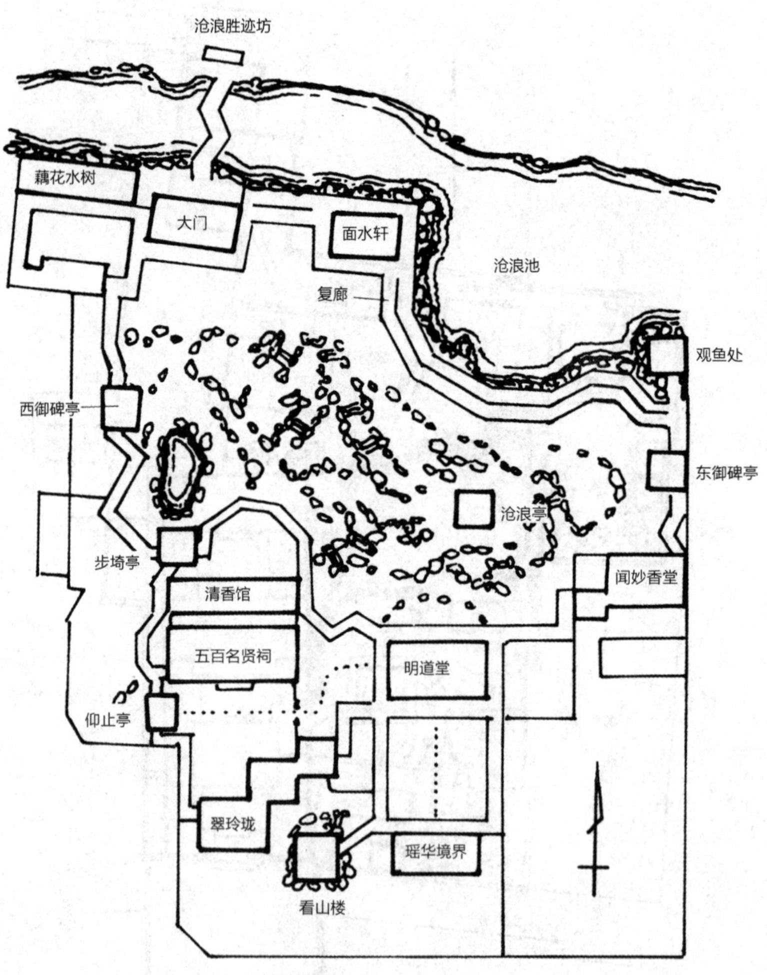
沧浪胜迹坊
藕花水树
大门
面水轩
沧浪池
复廊
观鱼处
西御碑亭
东御碑亭
沧浪亭
步埼亭
清香馆
闻妙香堂
五百名贤祠
明道堂
仰止亭
翠玲珑
瑶华境界
看山楼

狮子林配置图

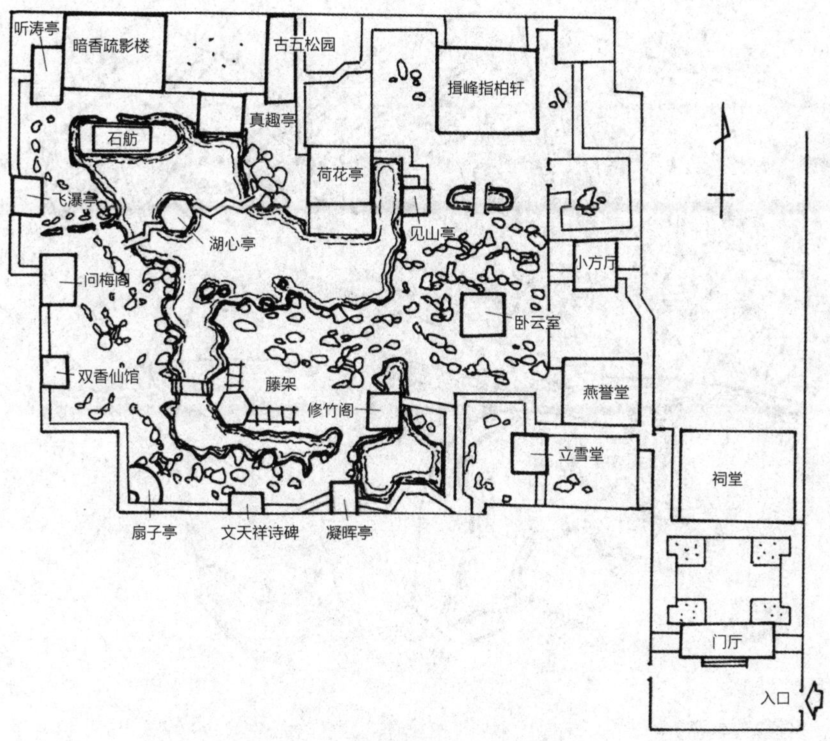
听涛亭
暗香疏影楼
古五松园
揖峰指柏轩
真趣亭
石舫
荷花亭
飞瀑亭
湖心亭
见山亭
小方厅
问梅阁
卧云室
双香仙馆
藤架
燕誉堂
修竹阁
立雪堂
祠堂
扇子亭
文天祥诗碑
凝晖亭
门厅
入口

无锡名园位置图

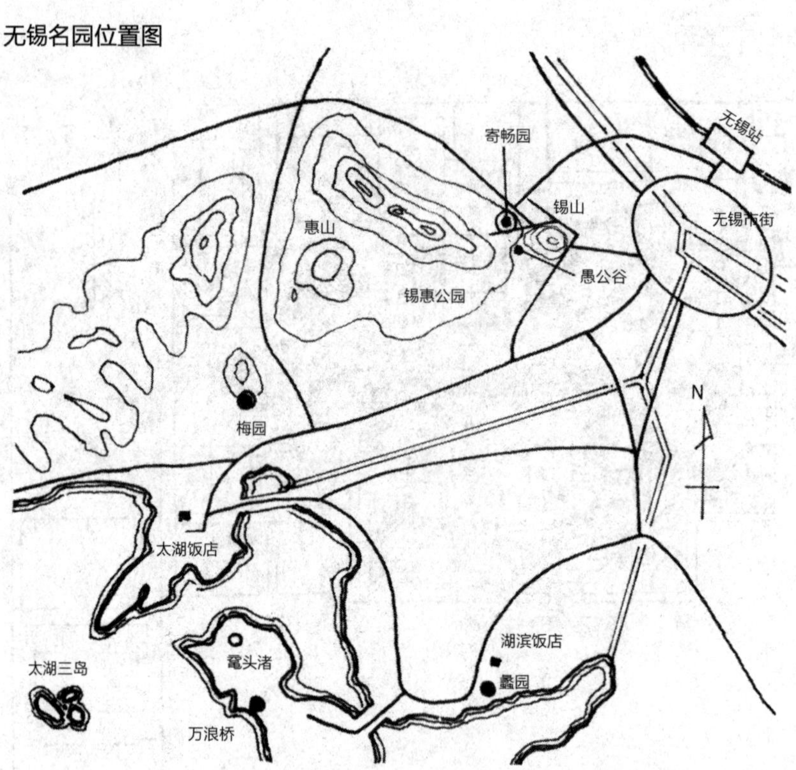

西郊：梅园、寄畅园
太湖畔：万浪桥、蠡园

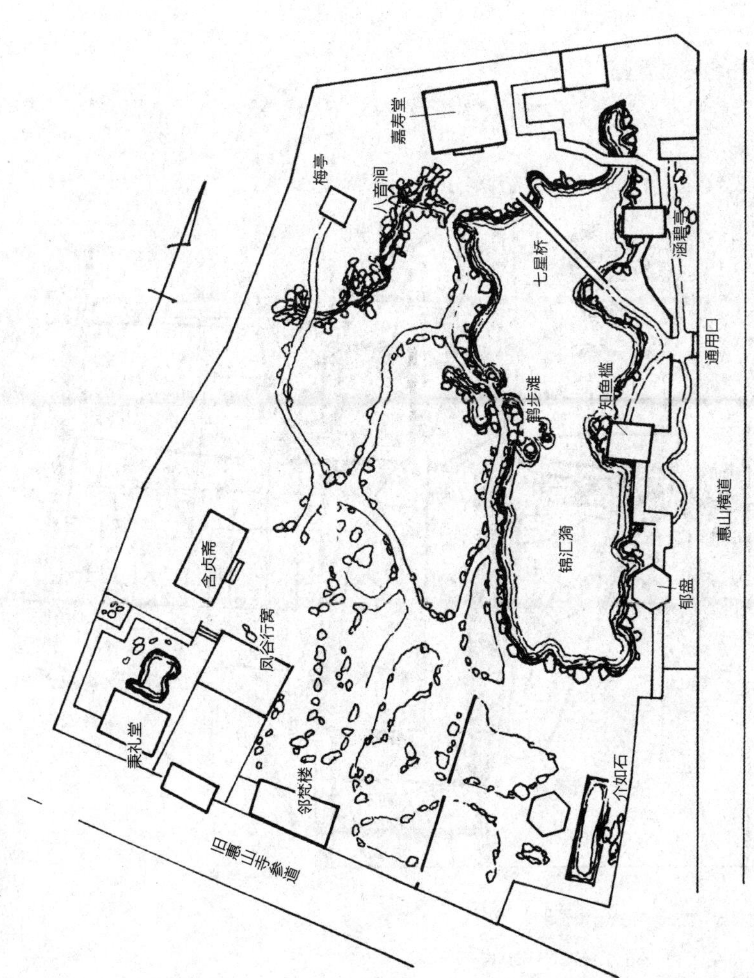
嘉寿堂
梅亭
八音涧
七星桥
涵碧亭
通用口
鹤步滩
知鱼槛
惠山横道
锦汇漪
含贞斋
凤谷行窝
秉礼堂
邻梵楼
郁盘
介如石
旧惠山寺参道

寄畅园平面图

扬州名园位置图

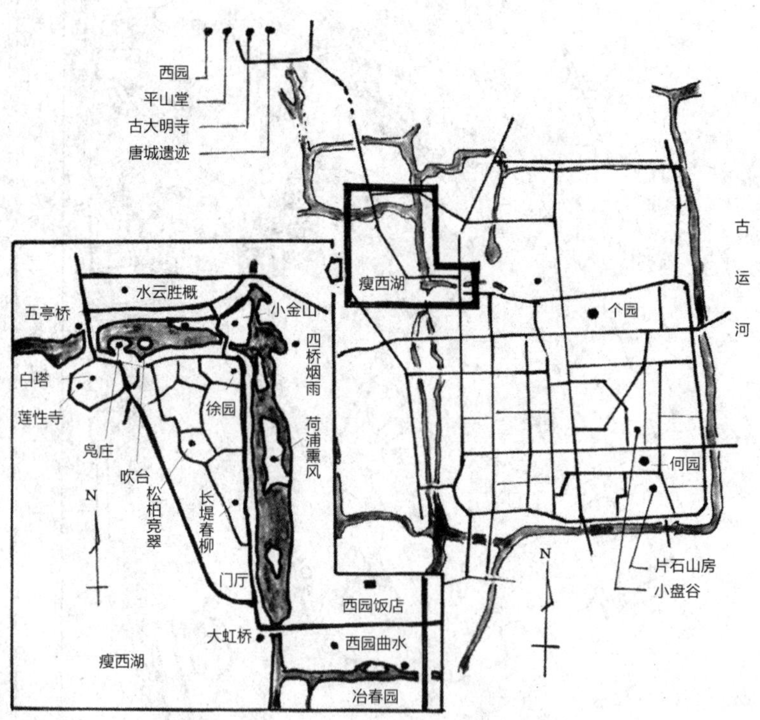

西郊：西园、平山堂、瘦西湖

市内：个园、小盘谷、何园、片石房岩

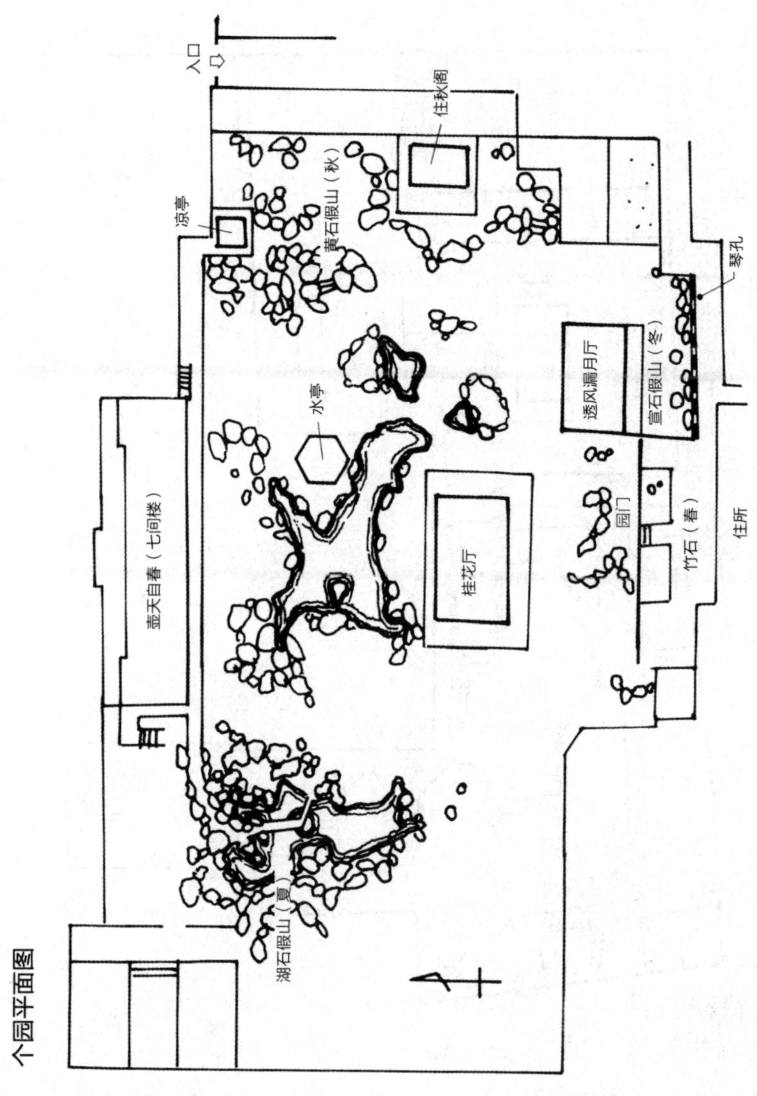

个园平面图

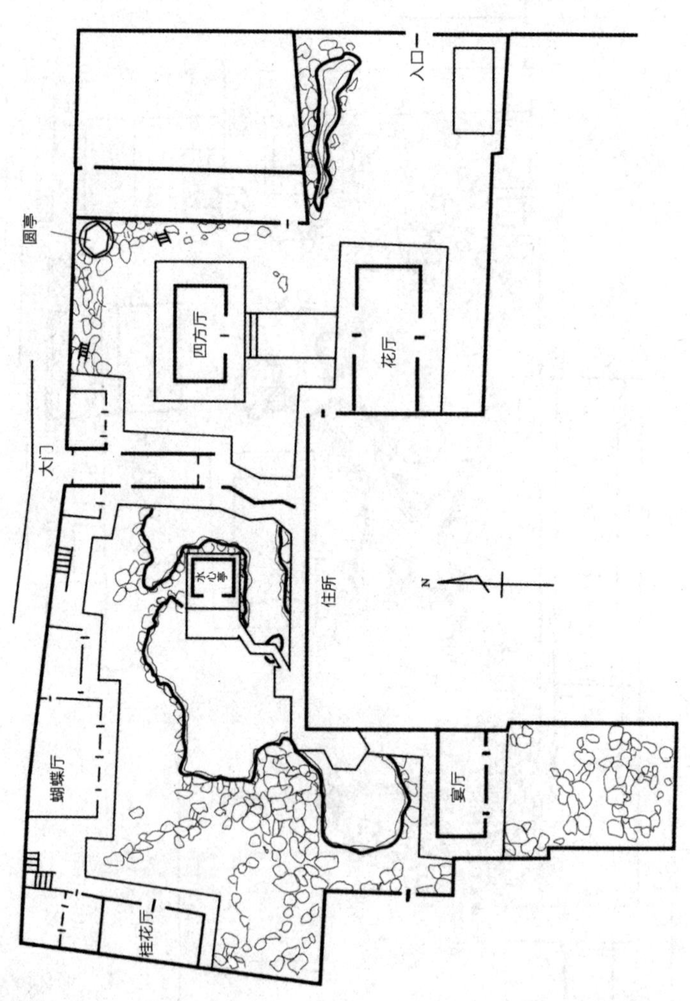

何园（寄啸山庄）平面图

豫园平面图

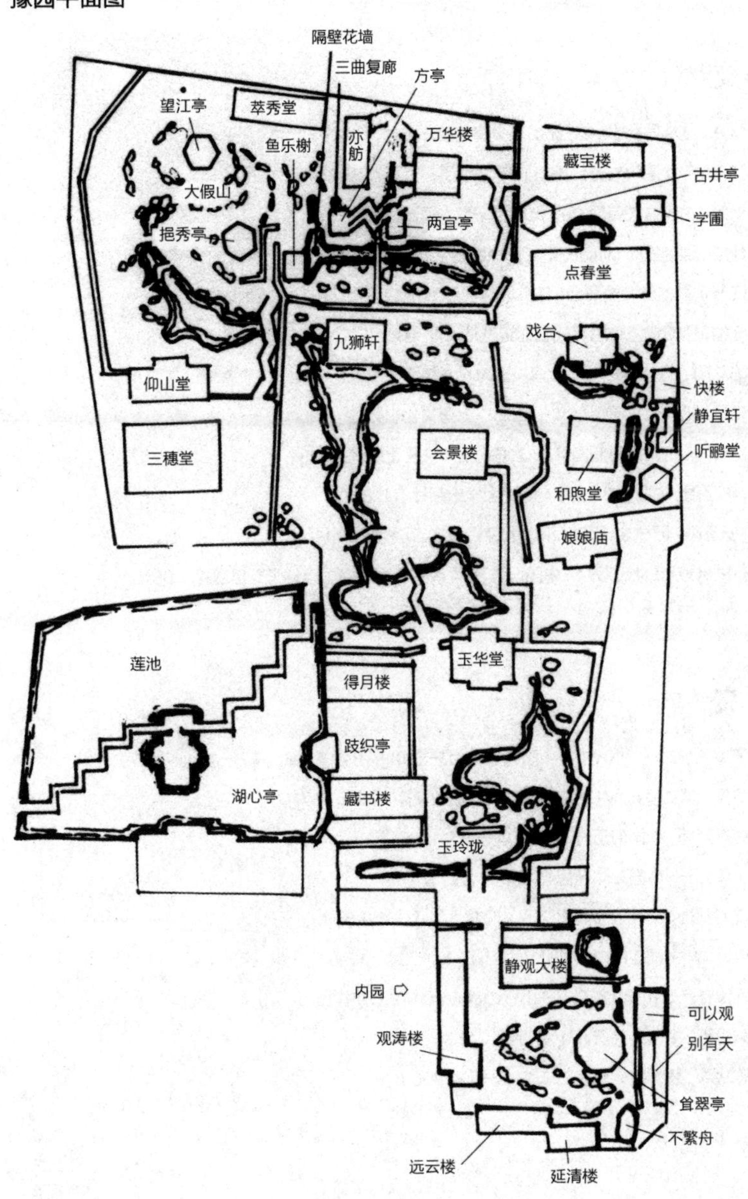
隔壁花墙
三曲复廊
方亭
望江亭
萃秀堂
万华楼
亦舫
鱼乐榭
藏宝楼
古井亭
大假山
学圃
两宜亭
挹秀亭
点春堂
戏台
九狮轩
快楼
仰山堂
静宜轩
会景楼
听鹂堂
三穗堂
和煦堂
娘娘庙
莲池
玉华堂
得月楼
跂织亭
湖心亭
藏书楼
玉玲珑
静观大楼
内园
可以观
观涛楼
别有天
耸翠亭
不繋舟
远云楼
延清楼

参考文献

中文

[1] 童寯 . 江南园林志 [M]. 北京：中国工业出版社，1963.

[2] 江兆申 . 文徵明与苏州画坛 [M]. 台北：台北故宫博物院，1978.

[3] 刘策 . 中国古代苑囿 [M]. 银川：宁夏人民出版社，1979.

[4] 计成 . 园冶注释 [M]. 陈植，注 . 北京：中国建筑工业出版社，1981.

[5] 江苏省基本建设委员会 . 江苏园林名胜 [M]. 南京：江苏科学技术出版社，1983.

[6] 陈植，张公驰 . 中国历代名园记选注 [M]. 合肥 : 安徽科学技术出版社，1983.

[7] 陈从周 . 扬州园林 [M]. 上海：上海科学技术出版社，1983.

[8] 朱江 . 扬州园林品赏录 [M]. 上海：上海文化出版社，1984.

[9] 刘策等 . 中国古典庭园 [M]. 上海：上海文化出版社，1984.

[10] 陈从周 . 说园 [M]. 上海：同济大学出版社，1984.

[11] 安春阳 . 园林之城苏州 [M]. 北京：外文出版社，1984.

[12] 中国建筑工业出版社 . 中国园林艺术 [M]. 北京：中国建筑工业出版社 ,1984.

日文

[1] アンドリユー · ボイド . 中国の建築と都市 [M]. 田中淡 , 译 . 鹿岛出版会，1979.

[2] 沈复 . 浮生六記 [M]. 松枝茂夫 , 译 . 岩波文库，1985.

[3] 森本哲郎 . 中国幻想行 [M]. 角川选书，1986.

[4] 小尾郊一 . 中国の隠遁思想 [M]. 中公新书，1988.

[5] 三浦国雄 . 中国人のトポス——洞窟、風水、壷中天 [M]. 平凡社，1988.

[6] 吉河功 . 中国江南の名園 [M]. グラフィック社，1990.

[7] 木津雅代 . 中国の庭園——山水の錬金術 [M]. 东京堂出版，1994.

[8] 陈舜臣 . 中国画人伝 [M]. 新潮社，1984.

[9] 陈从周 . 蘇州園林 [M]. リブロポート，1982.

后 记

本书中出现的十座庭园,全部都是江南地区引以为豪的“文人庭园”,都会纳入一般的旅游线路中,也就是“名园”。在选择这些庭园时,相比庭园景观的优美与否,我更关注原始作者心底的本性。这可以说是本书的特点。

“文人庭园”在中国也叫“文人园”,还可以叫作更加复杂的“文人写意山水派园林”(孙筱祥教授)。这两者的关系,与中国绘画的情况相似,中国绘画分成写意派的南宗画和写实派的北宗画,南宗画一般也被称为“文人画”。文人写意山水派园林,意味着“文人以山水来表现自己内心世界的庭园”,可以说是表现文人庭园理念的称呼。但是,文人庭园的实际情况,却从接近于理念的写意派作品,到与理念背道而驰的写实派案例,范围极其广泛,所以就将其概括地称为文人园。

根据这种情况,针对文人庭园丰富多彩的实态,还没找到一个合适的称呼;假如从概念的层面考虑,或许可以说“无论外观如何,(庭园)都是文人为了无法实现的梦想而修筑的桃花源,解开桃花源的秘密,就是本书的目的。

其次,考虑到实际观赏庭园时的方便性,本书以导游手册的风格将各个庭园的内容合在一起,因此城市山林的历史发展过程就出现了前后颠倒的情况。为便于读者理解,我将自己对全文构成的设想记录如下:

1. 三种类型的庭院实态

（1）拙政园：极为少数的隐士型的文人庭园；

（2）留园：占据压倒性多数的宫苑风格文人庭园的代表；

（3）网师园：小型宫苑风格文人庭园的优秀案例。

这三座庭园再加上沧浪亭，是陈从周教授提议的“苏州新四大名园”，分别是：动观之园拙政园、华瞻之园留园、静观之园网师园、苍古之园沧浪亭。以庭园的现状为标准选择出来，对于在视觉上把握庭园的类型会有所帮助，所以最先介绍。只是沧浪亭的庭园构成有所缺失，所以省略了。

另外，这四大名园中除去网师园，再加上狮子林就是“苏州旧四大名园”，依次为宋代官僚提倡伦理革新的沧浪亭、对元朝具有反抗意义的狮子林、批判明代官僚社会腐败的拙政园、清代寒碧山庄园主寄托祖国重建愿望的留园。这些都是反映庭园作者在不同时代的隐士思想的重要庭园。

2. 少数隐士文人庭园诸相

（1）沧浪亭：虽是宋代城市山林的典型，却在后世被神化而失去原型；

（2）狮子林：从反抗元朝统治的庭园，变成极端的咫尺山林；

（3）寄畅园：处于优越自然环境中的城市山林的优秀案例。

3. 清代扬州的造园热潮及其影响

（1）瘦西湖：展示造园热潮实态的庭园集合；

（2）个园：山水景观传统的维持及其变化；

（3）何园：建筑空间既古又新的精心处理。

造园热潮的影响，除了上述三座庭园，还必须加上清代的狮子林和豫园的咫尺山林化的例子。

4. 中国古典庭园史的终结之庭：豫园

《说园》说“造园有法而无式”，法是永远不变的，式则变化永无止境，豫园常常顺应时代的要求而不断变身，但其团圆融合的初心却始终一以贯之，是最名副其实的庭园。另外，这种法与式过分背离的结果，就使庭园景观沿着畸形化的道路不断前进，在这一层面上，豫园在清代城市山林的道路上越走越远。因此，豫园理所当然地为中国古典庭园史的最终篇章，添上了浓墨重彩的一笔。

最后，作为未来中国庭园的思考指针，以附记形式介绍了明轩和芳华园，前者展示着庭园最基本的传统形式之美；通过后者则可以管窥庭园世界中的创造之美。

本书缘起，是1985年夏天，我随同造园学专业的千叶大学教授浅野二郎先生开始的江南庭园之旅。那时从先生那里听到："听说观赏江南庭园就是探寻庭园原作者的内心世界，虽然留意考察了庭园，但却无法理解。于是去看园记，还是难懂，不是能在旅途中阅读的书。因此，如今我最想要得到的，就是把原作者的胸中丘壑，以浅显易懂的方式给出的解释啊。"于是我在心里产生了一丝期待。

但是，实际决定写作是在三年之后，回到故乡后深居简出，没有时间观念，而且也很难获取资料，故迟迟没有进展。而此书最终得以完成，要归功于一直不断鼓励并给予指导的浅野教授。另外，1983年春天，借江南庭园之旅的同行之缘，结识了东京大学教养学部教授高桥满先生，他对中国的研究有深厚造诣，我从先生那里获得了很多教导和帮助。又通过教授的介绍，得遇武照舍的酒井武史伉俪，得益于他们的卓越才能，这本拙著才终于面世。

在此，谨对以上各位的深情厚意表示衷心的感谢。

文中拙政园的部分，是由《东亚》月刊登载的文章修改的，谨对欣然答应转载的月刊编辑部，致以诚挚的谢意。

著者

1998年10月

图书在版编目（CIP）数据

江南庭园 ：与造园人穿越时空的对话 /（日）中村苏人著 ；刘彤彤译 . —— 南京 ：江苏凤凰科学技术出版社，2018.9
ISBN 978-7-5537-9607-9

Ⅰ . ①江… Ⅱ . ①中… ②刘… Ⅲ . ①古典园林－园林艺术－华东地区 Ⅳ . ① TU986.625

中国版本图书馆 CIP 数据核字 (2018) 第 201520 号

江苏省版权局著作权合同登记　图字：10-2018-202 号
KOUNAN NO NIWA by Sojin Nakamura

Original Japanese edition published by Shinhyouron Ltd.

江南庭园　与造园人穿越时空的对话

著　　者　［日］中村苏人
译　　者　刘彤彤
项目策划　凤凰空间／李雁超
责任编辑　刘屹立　赵　研
特约编辑　李雁超

出版发行　江苏凤凰科学技术出版社
出版社地址　南京市湖南路 1 号 A 楼，邮编：210009
出版社网址　http://www.pspress.cn
总 经 销　天津凤凰空间文化传媒有限公司
总经销网址　http://www.ifengspace.cn
印　　刷　北京博海升彩色印刷有限公司

开　　本　710 mm×1 000 mm　1/16
印　　张　14.5
版　　次　2018 年 9 月第 1 版
印　　次　2024 年 1 月第 2 次印刷

标准书号　ISBN 978-7-5537-9607-9
定　　价　68.00 元

图书如有印装质量问题，可随时向销售部调换（电话：022-87893668）。